混凝土结构智能化施工技术

杨 剑 陈康军 著
罗卫华 主 审

人民交通出版社股份有限公司
China Communications Press Co.,Ltd.

内 容 提 要

本书主要介绍了混凝土结构智能化施工技术及其应用,全书分为5章,第1章介绍了智能化施工技术的研发背景;第2章介绍了混凝土养护的背景,论述了智能化养护系统的原理,提出了根据混凝土水化热、结构表面温湿度及环境温湿度的最佳养护策略;第3章介绍了智能化张拉系统的研究历程,论述了预应力筋两端同步张拉技术的原理以及持荷阶段自动补张拉技术;第4章介绍了智能化压浆系统的研究历程,论述了循环压浆技术的原理;第5章介绍了压浆材料的研发背景、制备方法和制备工艺。

本书可作为路桥工程施工技术人员及管理人员的参考书,也可供相关专业的技术人员和高校师生参考使用。

图书在版编目(CIP)数据

混凝土结构智能化施工技术 / 杨剑, 陈康军著.
— 北京 : 人民交通出版社股份有限公司, 2017.10

ISBN 978-7-114-14231-4

Ⅰ. ①混… Ⅱ. ①杨… ②陈… Ⅲ. ①混凝土结构—混凝土施工—研究 Ⅳ. ①TU755

中国版本图书馆 CIP 数据核字(2017)第239339号

书　　名:混凝土结构智能化施工技术
著 作 者:杨　剑　陈康军
责任编辑:李　喆　周　宇
出版发行:人民交通出版社股份有限公司
地　　址:(100011)北京市朝阳区安定门外外馆斜街3号
网　　址:http://www.ccpress.com.cn
销售电话:(010)59757973
总 经 销:人民交通出版社股份有限公司发行部
经　　销:各地新华书店
印　　刷:北京鑫正大印刷有限公司
开　　本:720×960　1/16
印　　张:8
字　　数:125千
版　　次:2017年10月　第1版
印　　次:2017年10月　第1次印刷
书　　号:ISBN 978-7-114-14231-4
定　　价:35.00元

前言

随着我国综合国力的飞跃提升，我国桥梁建设取得了世界瞩目的成就，在桥梁跨径大跨越、桥型结构和技术创新、深水桥梁建设技术等方面取得了骄人成绩，桥梁建设的成就与技术进步标志着我国桥梁建设技术总体上达到了国际先进水平。我国桥梁建设快速发展过程中一些桥梁所暴露出的质量缺陷，在不同程度上反映了我国在桥梁设计、施工等方面存在的不足，同时也暴露出了我国桥梁建设技术需要进一步提升等问题。这对中国桥梁的耐久性、技术水平和创新条件造成了不利影响，在一定程度上成了中国桥梁技术发展的障碍以及创新和质量不足的重要原因。

随着经济社会的发展，交通运输量大幅度增长，行车密度及车辆载重越来越大，如何保障桥梁的安全性、耐久性和使用功能已成为我国桥梁工程界面临的首要问题。为了解决这一问题，只有坚持技术创新才是唯一出路，这也是中国从桥梁大国走向桥梁强国的必由之路。

在湖南省交通运输厅、湖南省高速公路管理局、湖南省交通建设质量安全监督管理局、湖南聚创建筑科技有限公司、江西恒信工程检测集团有限公司等支持下，本书作者及其团队开展了混凝土结构智能化施工技术的研究，研发了混凝土智能养护技术、混凝土冬季施工智能蒸汽养护技术、后张预应力筋智能张拉技术、预应力筋孔道智能压浆技术以及相应的压浆材料。研发的智能化施工技术实现了程序化、智能化、规范化和标准化控制,杜绝了原有混凝土结构施工过程中人为因素的影响,从而提升了混凝土构件的施工质量,大幅度提高了混凝土构件的耐久性。本书中介绍的智能化施工技术已成功应用于我国高速铁路、高速公路、地铁等建设工程,取得了显著的经济效益和社会效益。由于智能化施工技术可以显著提高混凝土结构的耐久性和安全性,从而实现了"小技术"解决"大问题"。

本书共分5章。第1章介绍了混凝土智能化施工技术的研发背景;第2章介绍了混凝土养护技术的研究与发展状况,论述了智能化养护系统的原理,提出根据混凝土水化热、结构表面温湿度及环境温湿度的最佳养护策略;第3章介绍了智能化张拉系统的研究历程,论述了预应力筋两端同步张拉技术的原理以及持荷阶段自动补张拉技术;第4章介绍了智能化压浆系统的研究历程,论述了循环压浆技术的原理,提出了通过压力、流量和水胶比的"三参数"监测确保后张预应力孔道压浆饱满的判别准则;第5章介绍了压浆材料的研发背景、制备方法和制备工艺。

全书由中南大学杨剑负责规划。第1章由杨剑撰写;第2章由杨剑、陈康军、范娟撰写;第3章由杨剑、陈康军、徐有为、刘恒红撰写;第4章由杨剑、陈康军、张长稳撰写;第5章由徐有为、范娟撰写。全书由湖南省高速公路管理局罗卫华教授级高级工程师和研究员主审,罗卫华主持过湖南省内多条高速度公路建设,非常重视先进施工技术在工程建设中的应用以促进工程质量的提升。在他的指导与组织下,本书中的智能化施工技术得以在施工现场进行了大量试验验证,并协助解决了研发过程中的许多技术难题。

借本书出版之际,作者要向关心、支持和资助相关研究工作的湖南省交通建设质量安全监督管理局郑京杰教授级高级工程师、湖南省高速公路管理局何杰高级工程师和邹团结高级工程师、湖南联智桥隧技术有限公司梁晓东总经理、湖南省长韶娄高速公路有限公司林伟平高级工程师表示衷心感谢。

限于作者水平，书中不足之处在所难免，敬请广大读者指正批评。

编　者

2017年9月

目录

第1章 绪 论

桥梁是铁路、公路、行人、管线或渠道跨越山谷、河流、海峡、公路、铁路及其他障碍物的空中建筑，是整个道路或管线系统的重要组成部分。自20世纪90年代以来，伴随我国规模浩大的交通基础设施建设，桥梁建造技术得到了迅速发展，桥梁的建设进入了一个最为辉煌的时期，并以令世人惊叹的规模和速度迅猛发展：实现了跨径大跨越、桥型结构和技术有创新、深水大跨桥梁建设技术成熟、桥梁美学理念日益增强。截至2016年年末我国已建成公路桥梁80.53万座，里程4916.97万米。其中特大桥梁4257座，里程753.54万米；大桥86178座，里程2251.50万米。我国已运营的2.1万千米高速铁路中，桥梁平均占比达55%。桥梁建设的成就和技术进步，是广大桥梁科技工作者才华、智慧和汗水的结晶，充分体现了我国综合国力的强盛，标志着我国桥梁建设技术总体上达到了国际先进水平。由于混凝土桥梁(Concrete bridge)具有造价相对较低、施工简易便捷、维护费用少等优点，因此混凝土桥在我国桥梁建设中，数量最为庞大，为主跨200m范围内的主流桥型，且随着我国基础建设规模继续扩大，混凝土桥的数量也会越来越多。

混凝土桥包括普通钢筋混凝土桥(Reinforced concrete bridge)和预应力钢筋混凝土桥(Prestressed concrete bridge)。普通钢筋混凝土桥是由钢筋和混凝土组合建成的桥梁，合理利用了混凝土抗压强度和钢筋抗拉强度，将钢筋布置在桥梁结构的受拉区，待混凝土开裂后承担结构拉应力，适用于一些中小跨度桥梁。由于混凝土结构存在在使用荷载下受拉区易开裂且自重过大等缺点，如通过使混凝土受拉区预加压力全部或大部分抵消荷载产生的拉应力，即采用预应力混凝土，则可克服混凝土桥梁结构的上述缺点，由此改善了钢筋混凝土桥梁的工作性能，拓宽了混凝土结构的应用范围。预应力混凝土桥梁是目前高速铁路、公路和城市立交桥中的主流桥型，挪威建成的主跨301m的Stolmasundet桥和主跨298m的Raftsundet桥为国外跨径最大的混凝土连续梁桥，如图1-1所示。我国重庆石板坡长江大桥主跨为330m，是目前世界上跨径最大的混凝土梁桥，如图1-2所示。

图 1-1　Raftsundet 桥

图 1-2　重庆石板坡长江大桥

尽管我国桥梁建设取得了举世瞩目的成就，但仍面临施工质量较差、结构耐久性不足等问题，严重影响了桥梁结构的经济性、安全性、耐久性和结构效率，增加了桥梁的维护成本，并成为制约混凝土桥梁进一步发展的主要技术瓶颈。据不完全统计，在我国公路网中，各类危桥数量达 7.96 万座，约占桥梁总数的 10.5%，直接影响我国公路网的安全运营。随着经济社会的发展，交通运输量大幅度增长，行车密度及车辆载重越来越大，如何保障桥梁的安全性、耐久性和使用功能已成为目前桥梁工程界的巨大挑战。

1.1　混凝土桥梁病害及成因分析

由于混凝土耐久性不足引起的结构破坏问题非常严重，其原因之一是过去的结构设计中不重视耐久性设计，加上施工、养护和管理不到位，致使结构的破坏速度极快，达不到预定的目标就需要进行加固处理，使国家和企业蒙受巨大损失。近年来，我国已建桥梁多次发生垮塌事故，且还有更多桥梁因为严重病害等原因已经拆除或需要维修加固，这给国家和人民生命财产造成了极大的损失。据不完全统计，2007～2012 年，国内共有 37 座桥梁垮塌，其中大部分桥梁的运营时间不到 20 年，现在我国需要维修改造的混凝土桥梁数目更是庞大，其主要原因为：

(1)原设计标准较低。

(2)车辆超载严重。

(3)结构耐久性降低致结构劣化。

(4)施工技术力量薄弱致结构质量较差。

(5)养护不及时等。

在这些原因中以施工技术力量薄弱致施工质量较差最为突出,表现为混凝土开裂严重;钢筋或/和预应力筋锈蚀;预应力筋孔道压浆不饱满;结构下挠严重等。图 1-3 为我国某座因预应力筋严重锈蚀、混凝土开裂严重被迫拆除的大桥。该桥为竣工于 1994 年的三索面独塔斜拉桥,设计使用寿命为 50 年,于 2011 年 12 月爆破拆除。

图 1-3 国内拆除的某混凝土桥

1.1.1 混凝土结构早期开裂

在桥梁建造和使用过程中,有关因出现裂缝而影响工程质量甚至导致桥梁垮塌的报道屡见不鲜。混凝土开裂可以说是“常发病”和“多发病”,经常困扰着桥梁工程技术人员。混凝土结构裂缝的成因复杂而繁多,甚至多种因素相互影响,但每一条裂缝的产生均有一种或几种主要原因。

混凝土结构裂缝分为荷载裂缝与非荷载裂缝。实际工程中,荷载裂缝只占 20% 左右,绝大部分是非荷载裂缝。

荷载裂缝为荷载作用下构件内的拉应变超过混凝土的极限拉应变所致,根据构件的受力特征不同,有受拉、弯拉、剪切和扭转等裂缝形态,如图 1-4 所示。这类裂缝可通过计算并控制其裂缝宽度。

非荷载裂缝为材料收缩、温度变化、钢筋锈蚀、地基不均匀沉降以及施工养护不当等引起的裂缝。

正常情况下,荷载裂缝和非荷载裂缝都不会对构筑物的可靠性产生直接影响,但裂缝会对建筑物长期耐久性和使用功能产生不良影响。对于荷载原因引起的裂缝研究已较为透彻,并得到了很好的控制。非荷载裂缝成因复杂且导致的危害更为显著,其原因在于混凝土结构的荷载裂缝通常是非贯穿性的,以弯曲裂缝为例,裂缝通常出现在受拉区,稳定后也还会延伸至受压区内形成贯通,而混凝土结构的主要非荷载裂缝如收缩裂缝、温度裂缝往往最终形成贯穿裂缝,这对混凝土耐久性的影响更大。

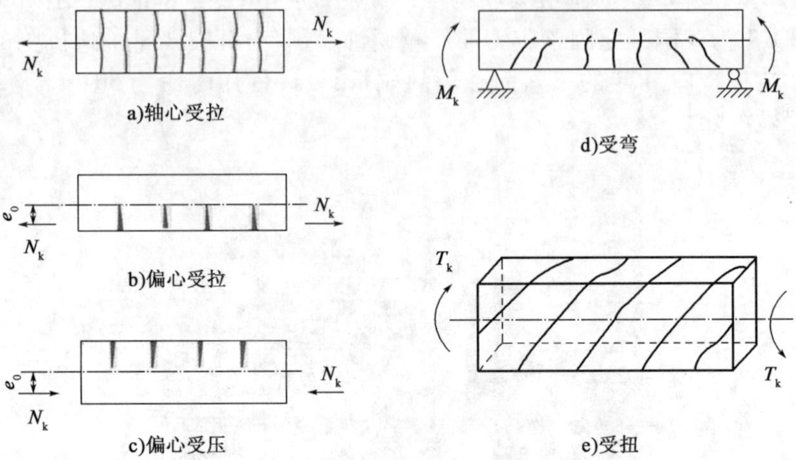

图 1-4　荷载裂缝形式

非结构性裂缝几乎占全部裂缝的 80% 以上,其原因涉及结构设计、地基情况、施工技术、材料质量、环境条件等各方面因素。在众多因素当中,比较突出的因素是由于混凝土水化热释放引起混凝土结构内外剧烈的温差变化,在一定的约束条件下产生的拉应力可能会超过混凝土的抗拉强度,从而导致混凝土结构产生裂缝,如图 1-5 所示。虽然这类裂缝属于非结构性裂缝,一般不影响构件的承载力和整体结构的安全,但裂缝的出现为侵蚀性物质的进入提供了通道,间接加速了混凝土的破坏。同时这些裂缝也成为荷载作用下的裂纹源,影响结构整

图 1-5　混凝土梁顶面早期开裂

体性和耐久性，再加上混凝土的干缩、自收缩、温度收缩和塑性收缩所产生的应力叠加，会进一步加剧混凝土的开裂程度。

如果采取一定的设计和施工措施，很多裂缝是可以克服和控制的。

实际工程中，为控制混凝土结构的早期裂缝常采用的措施如下：

(1)在设计阶段可以适当增配构造钢筋以提高结构的抗裂性能，如沿混凝土表面设置细密的钢筋网，提高配筋率后钢筋应力会增加，相应的混凝土应力会减小，从而减少了混凝土结构开裂的可能性和开裂后裂缝的宽度。

(2)采取合理的养护措施，尤其是对于新浇筑混凝土的养护尤为关键，混凝土浇筑完毕终凝后应立即保温、保湿养护以减小混凝土内外温差，防止出现表面裂缝。

1.1.2　预应力混凝土桥梁体开裂和过度下挠

预应力混凝土结构因其较强的跨越能力、良好的受力性能、可观的经济性而被广泛应用于诸多新建桥梁结构中。由于设计、施工、管理养护以及运营期间超载、超限等原因，我国预应力混凝土桥梁所表现出来的各种病症也日益引起工程界的重视，其安全性与耐久性也越来越引发全社会关注。

由于相关的设计理论不是很完善，许多大跨径预应力混凝土连续箱梁桥经常出现裂缝，图1-6所示为某预应力箱梁0号节段腹板裂缝。从理论上来说，我国预应力混凝土桥梁上部结构一般设计为全预应力混凝土构件，即在荷载短期效应组合下构件截面内不出现拉应力，因此从设计的角度看预应力混凝土桥梁在运营阶段是不应该存在裂缝的。由于种种原因，在实际运营中，很多预应力混凝土桥梁会出现开裂，甚至部分桥梁在未承受活载的自重阶段就出现裂缝。常见的裂缝有腹板斜裂缝、垂直裂缝、纵向裂缝以及底板混凝土保护层劈裂等。表1-1列出了我国部分公开报道的预应力混凝土桥梁开裂状况。

图1-6　箱梁开裂照片(水渍位置)

国内几座开裂的大跨预应力混凝土箱梁桥　表 1-1

桥　名	跨径组合(m)	开裂状况
虎门大桥辅航道桥	150+270+150	跨中附近出现弯曲横向受力裂缝,在 L/4 跨附近和箱梁腹板厚度变化区域出现斜裂缝
黄石长江大桥	162.5+3×245+162.5	出现大量腹板斜裂缝及箱梁底板横向裂缝
华南大桥	110+190+110	0 号块腹板出现裂缝,部分裂缝贯穿腹板
三门峡黄河公路大桥	105+4×140+105	腹板出现大量斜裂缝,长度 20~165cm,大致与水平方向成 45°,宽度均小于 2.0mm
南海金沙大桥	66+120+66	腹板出现大量斜裂缝,最大裂缝宽 1.15mm

大跨度连续梁/刚构桥预应力混凝土箱梁跨中下挠过大已成为一种普遍的现象,虽然在主梁设计中设有足够的预拱度,但在建成通车一段时间后,箱梁跨中均出现不同程度的下挠,尤其是过大的后期变形更是出乎设计预测。1997 年通车的虎门大桥辅航道桥,通车后几年内跨中下挠已达到 22.3cm,同时还出现了众多横向裂缝和主拉应力斜裂缝,2003 年由于横向裂缝朝腹板发展,下挠值已增至 26cm(原设计预留值仅为 10cm)。1993 年建成的湖北钟祥汉江大桥因下挠和开裂等病害严重于 2005 年拆除重建,如图 1-7 所示。1978 年建成的帕劳共和国科罗巴岛桥,通车后不久就产生了开裂和较大的挠度,后来采用体外预应力索进行加固,1996 年 7 月加固结束,但是加固处理后不到三个月就倒塌了,如图 1-8 所示。

图 1-7　钟祥汉江大桥正在拆除

a)垮塌前

b)垮塌后

图1-8 科罗巴岛桥垮塌前后

部分公开报道的桥梁下挠统计资料见表1-2和表1-3。大跨径混凝土桥跨中下挠不仅导致桥梁养护费用的大幅增加、破坏桥梁的美观,更降低了交通运营和结构的安全度,已经严重危及了该类桥梁的安全性和耐久性,造成了巨大的经济损失和环境问题。

国内部分大跨径刚构桥下挠列表 表1-2

桥名	桥型	竣工年份	监测时间(年)	主跨跨径(m)	下挠量(mm)
虎门大桥辅航道桥	连续刚构	1997	6	270	260
黄石长江大桥	连续刚构	1995	7	245	335
江津长江大桥	连续刚构	1997	9	240	317
三门峡黄河大桥	连续刚构	1993	9	160	220
丫髻沙大桥副桥	连续刚构	2000	9	160	230
南海金沙大桥	连续刚构	1994	7	120	238

国外部分大跨径刚构桥下挠列表 表1-3

桥名	国别	桥型	竣工年份	监测时间(年)	主跨跨径(m)	下挠量(mm)
Stolmasudent 桥	挪威	连续刚构	1998	3	301	92
Stovset 桥	挪威	连续刚构	1993	8	220	200
Parrots 桥	美国	连续刚构	1978	12	195	635
Grand-mere 桥	加拿大	连续刚构+铰	1977	9	191.4	300
Kingston 桥	英国	连续刚构+铰	1970	28	143.3	300
Koror-babelaob	帕劳国	连续刚构+铰	1978	12	241	1200

大跨预应力混凝土箱梁桥长期下挠过大的主要原因有混凝土箱梁开裂、预应力损失过大、设计及施工缺陷、收缩徐变计算模式的不确定等。过大下挠主要在运营期发生,并和裂缝强烈耦合,即下挠导致混凝土箱梁开裂的进一步发展,而开裂又加剧结构的下挠。

大量在役预应力混凝土桥梁检测结果表明,结构病害与安全隐患主要来源于施工过程的隐患。混凝土的有效养护、预应力筋张拉、预应力孔道压浆作为预应力桥梁施工中最为关键的工序,对结构的安全性与耐久性起着决定性作用。

(1)混凝土的强度、裂纹发展是决定混凝土结构使用寿命的关键因素。在配合比合理、浇筑工艺规范的前提下,养护施工质量直接决定混凝土强度与温度(收缩)裂缝是否产生和发展情况。

(2)合理有效预应力的建立关系结构的刚度和抗裂性。不按设计规范施加预应力会出现以下情况:

①预加力过小,桥梁在自身重力和车辆活载下出现早期超限下挠及结构开裂,影响行车舒适性和桥梁的使用寿命。

②预加力过大,会引起混凝土材料的非线性徐变,非线性徐变的本质是微裂缝的继续扩展,会直接导致裂缝的产生,同时钢绞线时刻处于高应力状态,在活载作用下易出现疲劳破坏。

(3)后张预应力筋孔道压浆密实程度直接关系预应力构件永存内力的稳定性及耐久性。预应力孔道灌浆不密实的危害有:

①压浆料不能有效包裹后张预应力筋,预应力筋与水泥浆体、水泥浆体与波纹管、波纹管与混凝土梁体之间不能建立有效的"握裹力",致使预应力混凝土梁体未能成为一个整体,不能保证预应力的有效传递,从而减小结构的承载力和出现锚具的疲劳破坏。

②压浆不密实极易形成预应力筋的锈蚀环境,由于预应力筋在张拉时会发生分子晶体错位且存在"坏蛆效应",高应力状态的预应力筋锈蚀速度是普通状态下的6倍以上,预应力筋锈蚀会导致受力面积减少甚至断裂,此时预应力筋的有效预拉力会相应减小,从而降低了结构的使用寿命。

1.2 传统的施工技术

从以上桥梁病害特征及原因分析发现,混凝土桥梁病害与现有施工技术密切相关。现有桥梁结构的混凝土养护、预应力筋张拉和预应力筋孔道压浆技术主要如下所述。

1.2.1 混凝土养护技术

混凝土本身的质量除了与其配合比和浇筑工艺有关外，其成型期的养护质量对混凝土强度的形成与弹性模量的发展影响显著，养护不当出现的微观裂缝对混凝土结构使用寿命的影响尚未引起足够重视。

混凝土养护是指在混凝土浇筑后的初期，采取一定的工艺措施，建立适当水化反应条件的工作。由于影响水泥水化反应速度和水化程度的两个主要因素是温度和湿度，因此混凝土养护的重点在于保湿养护与保温养护，即对凝结硬化过程中的混凝土进行温度和湿度控制。保湿养护是使水泥充分水化的条件，其目的是保证混凝土表面不失水干燥；保温养护为防止混凝土表面温度发生剧烈变化，养护期间混凝土内部与表面、表面与周围环境之间温差不宜超过20℃，以防止混凝土产生过大的温差应力而出现受拉裂缝。

1. 混凝土养护的种类

根据混凝土在养护过程中所处温度和湿度条件的不同，混凝土养护可分为标准养护、常温保湿养护和湿热养护三种。

(1)标准养护是指混凝土在标准养护条件下(养护温度20±3℃，相对湿度≥95%)进行的养护。

(2)常温保湿养护是指在自然气候条件下对混凝土采取相应的保湿措施进行的养护，如覆盖浇水养护和塑料薄膜保湿养护等。

(3)湿热养护是指通过加热处理的方式加速混凝土硬化过程的养护，如蒸汽养护就是最常见的一种湿热养护，通常在冬季或短期内提高混凝土早期强度时常采用蒸汽养护。蒸汽养护一般分为静停、升温、恒温和降温四个阶段。静停阶段是指混凝土浇筑完毕后在常温下硬化一段时间(2~6h)，以增强混凝土对升温阶段结构破坏作用的抵抗力；升温阶段指混凝土从初始温度上升到恒温阶段的过程，升温速度与结构表面系数有关，一般不得超过10~15℃/h。恒温阶段是混凝土强度增长最快的阶段，其养护温度随水泥品种不同而异，恒温时间视养护温度和要达到的强度而定，一般在8~12h。降湿阶段的降温速度与升温速度相同。养护最高温度与水泥种类有关，当采用快硬硅酸盐水泥、硅酸盐水泥和普通硅酸盐水泥时，养护温度不得超过60℃。

2. 人工洒水养护存在的问题

由于施工现场很难做到标准养护，现场混凝土构件或结构的施工养护主要采用人工洒水的常温保湿养护方式，极少量采用蒸汽养护方式，如图1-9所示。

a) 人工洒水　　b) 蒸汽养护

图1-9　传统的混凝土施工养护

由于人工洒水的常温保湿养护方式往往存在不规范、不科学、不精细，以至于养护过程中出现混凝土强度不足、温度裂缝、收缩裂纹等现象。人工洒水养护方式主要存在以下几个方面的问题：

(1)人工洒水不规范。为使浇筑后混凝土在硬化期内保持表面湿润，合理释放水化热，因此养护前期的洒水次数频繁，往后逐渐减少次数，而人工洒水随意性较大，很难做到及时洒水，因而难以保证养护质量。

(2)对混凝土构件的温度、湿度变化不清楚。按照养护规程要求需要对养护结构物表面环境温度、湿度进行定时的监测以采取相应的养护措施，而现场对温度的监测不规范，对湿度基本没有监测，难以做到适时养护。

(3)养护用水量不足或过多。洒水多少取决于梁体体积与表面积，洒水过少则养护效果不佳，洒水过多则水资源浪费，且过多的洒水往往造成混凝土早期表面强度偏低产生掉色、水痕等缺陷。

(4)养护效率低。人工洒水养护需要专人来完成，一个大型梁场需配置1～2名养护工人且劳动强度高，因而养护成本较高，养护效率低下。

3. 蒸汽养护存在的问题

严寒、寒冷地区的混凝土结构因施工进度要求需要在冬季施工，为保证冬季施工质量，一般采取蒸汽暖棚养护混凝土结构，而现有的蒸汽养护方式大多采用燃煤供给蒸汽，这种养护方式主要存在以下问题：

(1)蒸汽锅炉房造价高。如蒸汽产生量在1000kg/h以上的锅炉房需要投入几十万元的建设资金。

(2)污染环境。燃煤锅炉房产生蒸汽的同时产生有害气体，一般工业锅炉燃烧1t标准煤产生二氧化碳2620kg，二氧化硫8.5kg，氮氧化物7.4kg，且现场为临时锅炉房，燃煤燃烧不充分产生的有害气体数量更多。

(3)损耗大。大型的固定式锅炉房需要在现场布设蒸汽输送管道，由于缺乏有效措施使蒸汽热量在管道输送环节的热损失量较大，能量浪费十分严重。

(4)缺乏有效的质量监控。蒸汽养护过程中对梁体内部及表面的温度监控十分重要，温度超高或恒温条件失控就可能导致混凝土的开裂，因此需要根据监控的数据及时调整蒸汽的供给速度甚至终止输送蒸汽。现有的蒸汽养护中缺乏这方面的质量监控体系。

1.2.2 预应力筋张拉及控制技术

预应力筋张拉是预应力混凝土结构施工的关键工序，张拉施工质量直接影响结构安全、人身安全。预应力张拉系统由油泵、千斤顶和压力表组成，所采用的施工工艺流程可概括为：

(1)启动油泵。

(2)根据压力表读数控制张拉力。

(3)待压力表读数达到预定值时，测量张拉伸长值。

1. 张拉千斤顶选择及标定

(1)张拉千斤顶用于整拉整放工艺和单拉整放工艺中。单束初调及张拉宜采用穿心式双作用千斤顶，如图1-10所示；整体张拉和整体放张宜采用自锁式千斤顶，如图1-11所示。千斤顶量程选择为张拉力在千斤顶标定值的20%~80%。

图1-10 穿心式双作用千斤顶

图1-11 自锁式千斤顶

(2)当采用张拉千斤顶预施应力时,千斤顶在张拉前必须经过校正,校正系数不得大于1.05。校正有效期为一个月且横向张拉不超过500次张拉作业、纵向张拉不超过200次张拉作业。与千斤顶配套使用的压力表应选择防振型产品,表面最大读数应为张拉力的1.5~2.0倍,精度不应低于1.0级。压力表首次使用前必须经过计量部门检定,检定周期为一周,当使用0.4级压力表时,检定周期可为一个月。压力表发生故障后必须重新校验。

(3)当采用测力传感器计量张拉力时,测力传感器应按国家相关检定规程规定的检定周期(1年)送检,千斤顶和压力表不再作配套标定。

2.预应力筋的张拉工艺流程

(1)分级张拉一次锚固

①安装锚夹具和张拉设备。

②油泵供油给千斤顶,张拉油缸按五级加载过程依次上升油压,分级方式为20%、40%、60%、80%、100%,每级加载均应量测伸长值,并随时检查伸长值与计算值的偏差。

③张拉到规定油压后,持荷复验伸长值,合格后实施锚固。

④千斤顶回油,拆卸工具锚,换束重新安装锚具、设备。

(2)分级张拉、分级锚固

预应力筋张拉用液压千斤顶的张拉行程一般为150~200mm,对较长的预应力筋束(一般当预应力筋长度大于25m时),其张拉伸长值会超过千斤顶的一次全行程,必须分级张拉、分级锚固。分级张拉、分级锚固应根据计算伸长值,将张拉过程分成若干次,每次均实施一轮张拉锚固工艺,每一轮的初始油压即为上一轮的最终油压,每一轮的拉力差值应取相同值。

(3)一端张拉工艺

一端张拉工艺是将张拉设备放置在预应力筋的一端,另一端锚固的张拉形式,如图1-12所示。主要用于埋入式固定端、分段施工采用固定式连接器连接的预应力筋和张拉长度较小的预应力筋。

一端张拉工艺过程可以是分级张拉、一次锚固,也可以是分级张拉、分级锚固。

(4)两端张拉工艺

两端张拉工艺是将张拉设备同时设在预应力筋两端进行同步张拉的施工工艺,如图1-13所示,适用于较长的预应力筋束。两端张拉一般应同时同步进行,当张拉设备数量不足或由于张拉顺序安排关系,也可现在一端张拉完成后,再移到另外一端补足张拉力后锚固。

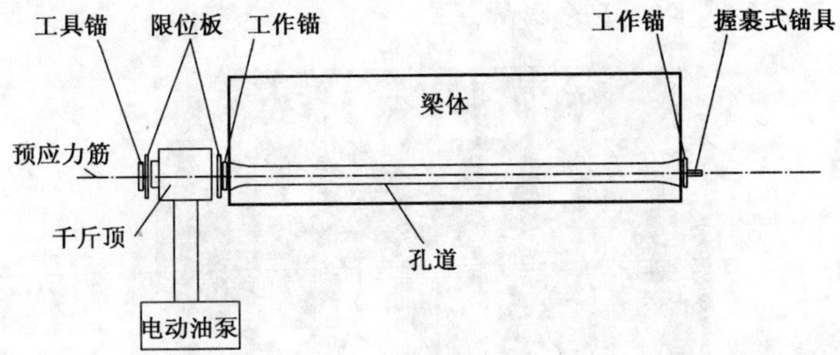

图 1-12 一端张拉工艺

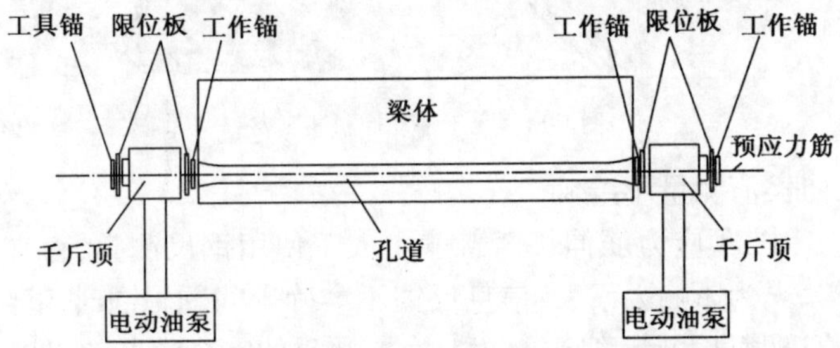

图 1-13 两端张拉工艺

3. 传统张拉工艺的不足

在桥梁工程施工中，预应力张拉控制采用“双控法”，即预应力筋采用应力控制方法张拉时，应以伸长值进行校核，实际伸长值与理论伸长值的差值应控制在6%以内。通过调研大量的现场预应力张拉过程，传统的张拉工艺存在如下主要问题：

(1)张拉力控制误差过大

预应力值的大小是直接影响预应力工程质量的重要因素。传统预应力张拉工艺按照设计和规程所要求的张拉控制应力来进行张拉控制，张拉过程中通过事先标定的千斤顶油表液压系统，人工读取机械式油压表的读数来控制张拉力，如图 1-14 所示。这种方式存在以下缺陷：

①压力表的读数误差较大，读数不稳定且速度慢。

②压力表读数需换算才能知道张拉力的大小，不能直观显示张拉力的大小，对控制张拉进程不方便。

③加压操作控制误差大，分辨率低，难以精确控制张拉力。数据表明，钢绞线张拉控制应力的实测值不稳定，张拉力波动范围为 -15.0% ~15.0%。如此大的偏差和波动，很难保证施工的安全性和可靠性。当张拉设备油压表读数严

重失误，则易直接引起质量安全事故。

图 1-14　人工手动控制油压表

(2)张拉伸长值测量不准确

在张拉施工中，预应力筋伸长值普遍由人工使用钢尺测量，存在着读数误差大，测量过程慢，人为影响因素大、信息反馈不准确等问题。同时由于张拉记录手工完成，人工痕迹明显，可信度降低，而且存在严重的安全隐患，如图 1-15 所示。

图 1-15　人工测量伸长值

(3)未能实现张拉力和张拉伸长值的双重控制

由于预应力张拉过程的复杂性，预应力张拉控制都采取张拉力和伸长值双控的方法以保证预应力大小的准确性，但实际张拉过程中是油表上显示的张拉力达到预定值，然后再测定张拉伸长值，两者不能同步校核，如果此阶段张拉伸长值超过规范所要求范围则无法补救，这就意味着此预应力构件不能按照设计所考虑的受力状态工作。

(4)未能实现同步张拉

预应力张拉由人工操作油泵来完成,由于人的反应时间以及现场环境影响难以同时开启油泵及把控阀门的开度,这样会造成预应力筋两端张拉时很难达到两端施力的大小、速率一致,无法实现同步张拉。

(5)张拉过程不规范

在人工张拉过程中,预应力加载速率、持荷时间随意性大。《公路桥涵施工技术规范》(JTG/T F50—2011)规定持荷时间为5min,实际持荷时间往往取决于现场操作人员,加载速率过快直接导致预应力损失较大,锚下预应力达不到设计要求。

(6)千斤顶、张拉油泵与压力表标定结果稳定性不易保持

施加预应力所用的机具设备及仪表,应定期维护和校验,但实际使用过程对张拉设备的维护保养缺少,且没有严格按照校验的要求进行校验,使实际张拉力低于设计值。

(7)质量管理不重视

由于缺乏相应的实时监控及检测手段,以及对预应力质量隐患问题认识不足,以致预应力张拉质量隐患被掩盖。

1.2.3 后张预应力筋孔道压浆技术

孔道压浆是将压浆料压入后张预应力筋孔道中,使之填满预应力筋与孔道间的空隙,让预应力筋与混凝土牢固地黏结为一整体。孔道压浆的主要作用为:

(1)保证预应力筋束与周围混凝土有效黏结,实现两者之间应力的有效传递,使预应力筋束与整个混凝土结构协调工作,同时也可减轻两端锚具的负荷。

(2)排除孔道内的水分和空气,保护预应力筋束不外露而免遭锈蚀,提高预应力混凝土结构或构件的使用寿命。

(3)减小预应力混凝土结构在反复荷载作用下,由于应力变化对锚具造成的疲劳破坏,提高结构的可靠性和耐久性。

因此,后张预应力孔道压浆是一道非常重要的工序,压浆质量将直接影响预应力的使用效率和预应力结构的寿命。

目前我国后张预应力筋孔道主要采用普通正压压浆法和真空辅助压浆,以普通正压压浆法居多。

1. 正压压浆工艺

(1)压浆工艺及注意事项

正压压浆工艺就是利用压浆泵将拌制好的水泥浆液以0.5~0.8MPa的压

力从压浆端压入,当浆液从出口端流出且稠度与压浆端基本相同时,再经过两端排气(排水及微沫浆)及保压的手段以保证孔道内浆体密实度的压浆工艺。一般适用于较短的管道。此工艺的施工注意事项是:

①浆液压入梁体孔道之前,应首先开启压浆泵,使浆液从压浆嘴排出少许,以排除压浆管路中的空气、水和稀浆。当排出的浆液流动度和搅拌罐中的流动度一致时,方可开始压入梁体孔道。

②压浆时,对曲线孔道和竖向孔道应从最低点的压浆孔压入浆液;对结构或构件中以上下分层设置的孔道,应按先下层后上层的顺序进行压浆。同一孔道的压浆应连续进行,一次完成。压浆应缓慢、均匀地进行,不得中断,并应将所有最高点的排气孔依次一一打开和关闭,使孔道内排气通畅。

③浆液自拌制至压入孔道的持续时间不应超过40min。浆液在使用前和在压注过程中应连续搅拌,对因延迟使用致流动度降低的水泥浆必须废弃。

(2)工艺特点

普通正压压浆工艺比较简单,容易操作,固在实际工程中广泛使用。但也存在一些缺陷使浆体强度不够,孔道灌浆不饱满。主要缺陷如下:

①水泥浆与外加剂选用不当且任意添加水,致使浆液水灰比偏大。

②水泥浆配制时流动性和泌水率不符合要求,泌出的水存留在波纹管内部分空间,而这些水分被吸收或蒸发后会形成孔道内空洞。

③施工人员压浆操作不正确,主要表现为施加压力不足、压浆速度过快、出浆口未冒出浓浆或刚出浆即停止压浆。

④压浆过程中由于压浆不当或机械故障等原因,导致压浆中止,但对前面压浆后的波纹管又未及时清洗,致使再次压浆时,造成堵塞而无法正常进行,形成内部空洞。

⑤对需要特殊处理的部位仍按一般操作要求进行压浆,导致压浆不密实,如出浆口位置不在波纹管的最高点(图1-16),而当出浆口有浆体外溢时,误以为波纹管内浆体已满,造成波纹管已压实的假象,实际在孔道高处的空气无法排出,孔道压浆不饱满。

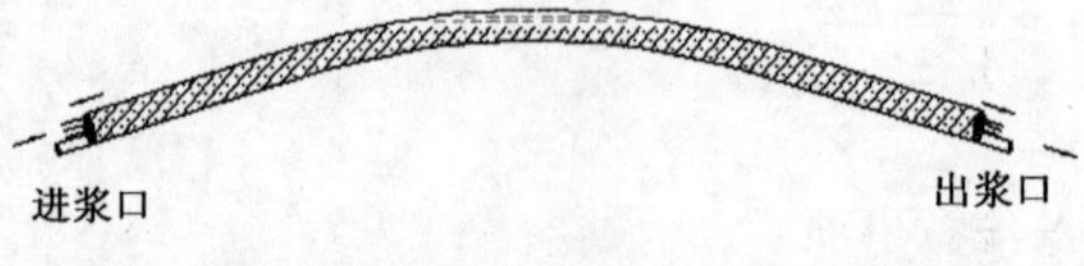

图1-16　压浆不密实

2. 真空辅助压浆工艺

为了解决或改善孔道压浆的质量,英国推出了 VSL 真空辅助压浆工艺。VSL 真空辅助压浆体系是以 VSL PT-PLUS 塑料波纹管,将孔道系统密封,一端用抽真空机将孔道内 80% 以上的空气抽出,并保证孔道真空度在 80% 左右,然后从压浆端压入水灰比为 0.29 ~ 0.35 的浆液。当浆液从真空端流出且稠度与压浆端基本相同,再经过特定位置的排浆(排水及微末浆)、保压手段保证孔道内水泥浆体饱满,如图 1-17 所示。

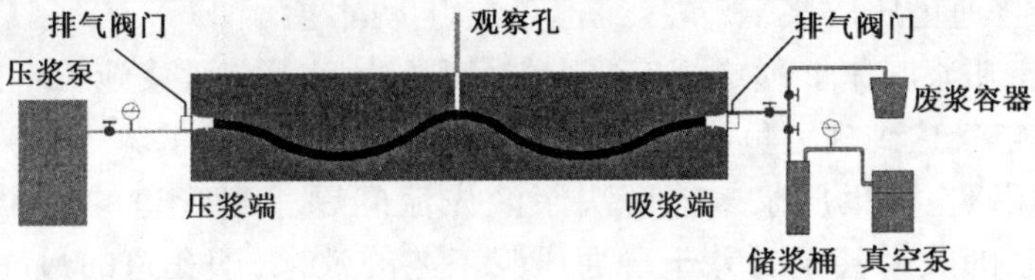

图 1-17 真空压浆工艺示意图

(1)工艺特点

此工艺的特点是:

①可以消除普通压浆法引起的气泡。同时孔道中残留的水珠在接近真空的情况下被汽化,随同空气一起被抽出,增强了浆体的密实度。

②消除混在浆体中的气泡。这样就避免了有害水积聚在预应力筋附近的可能性,防止预应力筋的腐蚀。

③改进浆液的设计,使其不会发生析水、干硬、收缩等问题。

④孔道在真空状态下,减小了由于孔道高低弯曲而使浆液自身形成的压力差,便于浆液充盈整个孔道,尤其是一些关键部位。对于弯型、U 形、竖向预应力筋更能体现真空辅助压浆的优越性。

⑤VSL 真空辅助压浆要求施工现场具有高水平的管理人员和操作队伍。

(2)实施因素

VSL 真空辅助压浆的实施,取决于以下 5 个因素:

①具有密封条件的梁体和锚具组装件。如对节段预制拼装梁段,由于节段间缝隙,不具有密封条件,因此,不能采用真空压浆工艺。

②保证成孔的质量,在成孔内能实现并维持真空度的成孔材料,如 VSL PT-PLUS 塑料波纹管。

③合理的浆液设计,如需要真空辅助压浆专用助剂等。

④专用设备。

⑤正确的施工规程和严谨、熟练的操作人员。

3. 两种压浆工艺对比

与普通正压压浆相比，真空压浆是采用真空泵抽吸预应力孔道中的空气，使孔道达到 -0.1MPa 左右的真空度，然后在孔道的另一端以不小于 +0.7MPa 的正压力将水泥浆压入预应力孔道，以此来提高孔道压浆的密实度。对于一些异形管道的关键部位、钢束曲率半径较小及钢束过长的孔道、普通压浆法不好施工的结构等情况、真空压浆能取得良好的效果。

相比于普通正压压浆，真空压浆也存在以下问题：

(1)真空压浆时未能形成规定要求的负压：由于真空压浆施工工艺复杂，难以通过抽取空气达到规定负压(-0.06 ~ -0.10MPa)的要求。

(2)采用真空辅助压浆未能解决浆液先流问题。当管道的两端高差较大时，真空压浆的效果甚至要差于普通压浆工艺的效果，即孔道的最高点的顶部可能会出现空洞，且在孔道有倾角时，在倾角处浆液会产生先流现象，而为满足预应力效应在不同位置的适当分布，管道倾斜是不可避免存在的。而且常规压浆工艺的工艺的缺陷大部分不能克服，因此在具体施工环境下如何把握真空压浆工艺还有待进一步研究。

4. 预应力筋孔道压浆技术的不足

后张预应力混凝土孔道灌浆缺陷虽小，但由于预应力的存在和水及空气等长时间的腐蚀氧化作用，使得处于高应力状态的部分预应力筋出现锈蚀断裂。由于部分预应力筋的断裂及长时间的疲劳作用，预应力构件极易破坏，从而导致整个结构崩塌瓦解酿成工程事故。20 世纪末，出现了许多例由于预应力筋锈蚀使部分后张法施工的预应力桥梁倒塌、重建或加固。对于后张预应力孔道压浆不密实的问题也曾被我国交通运输部列为公路桥梁建设中的十大通病之一。1985 年，英国一座建于 1953 年的 Ynys-y-Gwas 桥因为预应力筋的锈蚀而垮塌，调查表明 24 根纵向预应力管道中：18 根灌浆密实、4 根有大空隙、2 根为全空；14 根横向预应力管道中：8 根为灌浆密实、3 根有大空隙、3 根为全空，为此英国运输部从 1992 年起暂停使用后张法预应力混凝土结构，直至 1996 年采用真空辅助压浆技术解决了孔道压浆问题，才开始恢复使用后张法预应力混凝土结构。类似的还有英国汉普郡的 Bickton Meadows 人行桥和比利时 Schelde 河上的一座桥梁。我国 2004 年某大桥发生了严重的垮塌事故(图 1-18)，在大桥的两个相邻孔径之间，梁的悬臂端突然断裂，造成桥梁上部结构局部脱落，酿成意外事故。该桥垮塌的内因是内部预应力严重受损。

图 1-18 某大桥垮塌

孔道压浆质量是影响公路桥梁工程质量与安全的重要因素,其质量的好坏直接关系预应力筋的防腐及结构的耐久性。不饱满的孔道压浆会给预应力混凝土桥梁结构造成严重的安全隐患。通过对最近十年拆除或垮塌的预应力桥梁断面进行统计分析,发现后张法预应力常规管道压浆存在的主要问题如下:

(1)浆液质量不达标

《公路桥涵施工技术规范》(JTG/T F50—2011)对后张预应力管道压浆的浆液材料的性能做了如下规定:

①具有较好的流动度,及一定的保塑性能。

②低泌水率,不离析,无沉降。

③适宜的凝结时间。

④在塑性阶段具有良好的补偿收缩能力,且硬化后产生微膨胀。

⑤具有一定的强度。

以上浆液性能指标中最为关键的是泌水率,为此需严格控制施工现场配合比,而实际施工现场对浆液原材料的计量往往比较随意,大多未进行准确计量,如采用水管直接加水、压浆剂用量不称重等现象,而且还存在为了改善浆液的流动性而随意增加用水量的现象,导致泌水量过大。

(2)灌浆压力不可控

灌浆压力是压浆密实的关键因素。压浆过程中由于管道长度、管道壁摩擦及浆液的黏滞性等会产生压力损失。压力不足直接导致管道内浆液无法压密实,压力太大又会导致浆液泌水过大,形成泌水空洞,同时压力过大还影响梁体本身的安全。因此如何保证有效的压浆压力成为压浆成功的关键问题之一。

(3)灌浆流量不可知

灌浆流量与孔道内浆液充盈度密切相关,通过监测浆液的流量可以判别管道内浆液的饱满程度。现有的压浆工艺中不能监测浆液的流量，对管道浆液充盈度无法有效判别。某预应力混凝土桥其主梁由于浆液不饱满形成的预应力筋孔道空洞如图1-19所示。

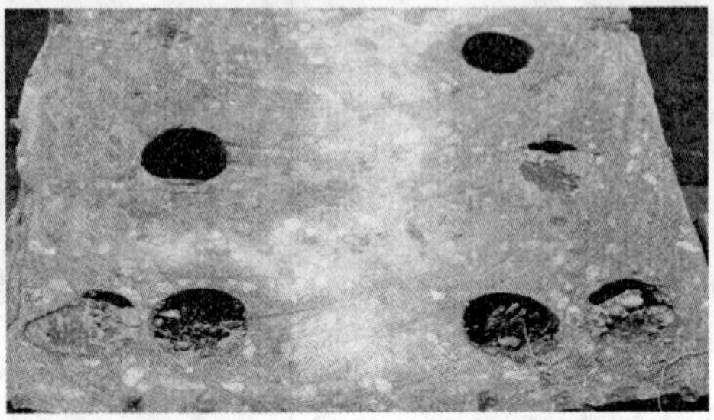

图1-19　预应力筋孔道空洞

(4)管道内空气不能完全排除

普通压浆方式从管道进浆口压入、出浆口流出，浆液一次流经管道即完成压浆。对于如图1-16所示的向上弯曲预应力孔道，一次压浆过程无法将管道内空气和杂质有效的排除，导致压浆完成以后管道内存在气室、气仓，最终形成空洞。

(5)封锚不密实，锚头漏浆

压浆完成后的封锚一般均采用水泥浆封闭，由于收缩等原因引起封锚开裂，使锚头不能完全密封甚至封锚水泥浆破裂，不能对锚头及预应力筋形成有效保护，如图1-20所示。

图1-20　预应力筋封锚不密实

(6)压浆记录混乱、可信度低，真实的压浆质量难以掌握

预应力管道压浆属于隐蔽工程，因目前缺乏有效的检测方法对压浆密实度做出准确判断，随着封锚端的完成，真实的压浆情况最终被彻底掩盖。唯一

可查的只有压浆记录，而传统压浆的记录均由人工完成，其真实性、可靠性难以保证。

1.3 施工技术的发展与新技术的应用前景

因混凝土构件耐久性下降而降低了建筑的使用年限，甚至导致重复建设势必造成环境破坏及资源极度消耗。在目前全球气候变暖、能源紧张的环境下，提高混凝土构件的质量对实现结构的长寿命和减小资源消耗有着重要的现实意义。

随着中国城市化进程的需要，我国将持续进行大规模的工程建设。在交通建设领域，预应力混凝土桥梁因其结构性能好、结构高度小、线形平顺、行车舒适、便于工厂化制作等优点，在我国交通行业建设中被广泛使用，特别是在高速公路和高速铁路中使用较多，但预应力混凝土桥梁的施工质量并没有随着预应力混凝土桥梁数量的增加而显著提高，这需要土木工程技术人员进行大量的自主创新和技术改造，实现我国工程技术的跨越式发展，提高桥梁工程的质量。

为了解决混凝土桥梁施工技术的不足，我国对混凝土结构施工的工法、工艺等进行了大量相关研究，提出了施工质量控制技术向智能化方向转变的理念，实现了程序化、智能化、规范化和标准化控制标准，促进了我国基础建设领域施工技术水平的飞跃提升，显著提高混凝土结构的耐久性和安全性，保证了结构的使用寿命，并取得了良好的经济效益和社会效益。

第2章　混凝土智能化养护技术

混凝土结构非荷载裂缝是常见的质量问题，其开裂与混凝土水化热、构件内外温差、混凝土收缩、混凝土养护等因素有关，其中水化热是导致混凝土早期裂缝产生的主要原因。混凝土构件成型过程中水泥发生化学反应会产生大量的水化热，由于混凝土表面散热性能较差使混凝土构件中心温度向表面递减，导致构件内外温度不一致从而产生温度应力。当混凝土抗拉强度不能抵抗温度应力时，混凝土结构就会产生裂缝，早期裂缝多出现在结构表面，后期则多出现在结构内部。裂缝的产生势必导致混凝土结构耐久性降低，影响结构正常使用且难以维修。

混凝土结构早期开裂除了与其配合比与浇筑工艺有关外，其成型期的养护质量对混凝土强度的形成与弹性模量的发展影响显著，尤其是对混凝土表层的影响效果更为显著。养护不良则使表层混凝土的抗渗性成倍降低，钢筋开始锈蚀的年限成倍缩短。美国调查结果表明24%的混凝土结构因为缺乏有效养护导致了结构劣化，只有26%的混凝土结构是根据工程具体要求进行了养护。类似的情况在我国工程实践中也普遍存在，养护不当引起的裂缝对混凝土结构耐久性的影响尚未引起业界的足够重视。

2.1　混凝土养护技术的研究与发展

混凝土养护是在混凝土浇筑完成后，采取一定的措施给混凝土结构或是构件提供适当的温度与湿度使混凝土更好的水化，以此达到预期的混凝土性能。混凝土养护方式可分为内养护和外养护，内养护是指在新拌的水泥基材料中，通过预湿的轻集料或高吸水树脂来提供内部水源，所释放的水分能够提供未水化的水泥继续水化，降低水化过程中的自收缩；外养护即通常所说的表面养护，包括常温保湿养护（自然养护）和湿热养护（热氧化）。

研究表明当水泥石中毛细管水压足够高时，水泥的水化反应最完整，即充足的水分是水泥完全水化的前提，因此不同的养护方式决定了水泥基混凝土不同部位的相对湿度含量，特别是水泥基混凝土在硬化前的养护更是决定了混凝土中的水泥水化程度。针对养护过程中需要充分的湿度和适当的温度，国内外提出了蓄水养护、喷雾养护、湿覆盖养护、塑料布养护、喷涂成膜养护剂、蒸汽养护等诸多外养护方法。

国外广泛采用的养护方式为养护剂养护，即在混凝土表面涂刷养护剂，随着溶液的挥发迅速在混凝土构件体表面结成一层不透水膜，将混凝土中大部分水化热及蒸发水积蓄下来进行自养。这种养护方式操作简便，节约工程用水，但对于表面积大和水灰比小的混凝土养护效果较差。研究表明养护剂养护试件28d的抗压强度是水养护试件的85%，其渗透系数是水养护试件的2倍多。随着高性能混凝土技术的应用，对其养护条件提出了更高的要求。由于高性能混凝土水胶比小，如采用一般的养护方式，混凝土将会产生较大的自收缩，因此国外采用内养护方式进行养护，但内养护的效果与其自身的品质，如轻集料的粒径、内部孔结构、自身弹性模量等有着很大的关系，高吸水树脂的粒径分布、颗粒大小也会影响其养护效果，在使用时需考虑这些因素和材料综合性能的影响。

国内对混凝土标准养护室的研究相对较完善，对标准养护室的环境温湿度控制较精准、细致，如南京理工大学于2010年提出了混凝土标准养护室单片机控制系统，湖北工业大学提出了混凝土养护室温湿度智能控制系统。但标准养护室的混凝土试块质量状况并不能反映现场混凝土的实际养护质量。

国内对现场混凝土结构或构件的养护基本采用人工洒水或人工接通水管由喷淋头自动洒水的方式完成，其养护过程不能保证水泥充分水化，缺乏对温湿度的监测，养护效率低、养护效果差。由于对混凝土构件养护不重视，忽视良好的养护制度对混凝土结构质量的重要性，使国内大部分混凝土结构常出现温度裂缝、表面收缩裂缝、强度不足等现象。因此混凝土养护过程应尽量减少人为因素干扰，应引入先进的自动化控制技术对混凝土养护过程温湿度进行准确控制，从而提高混凝土的强度和耐久性，减少温度、收缩裂缝的产生，并改善混凝土构件表观质量。

2.2　智能化喷淋养护系统的设计原理及应用

2.2.1　智能化喷淋养护系统的设计理念

水泥混凝土智能喷淋养护系统依靠先进的自动化控制技术，根据水化热释放速率、温湿度的实时监测数据进行针对性的养护,突破传统自然养护的困境,可以完全杜绝人工洒水养护不当带来的不利影响,相对于传统养护施工,是一种工艺技术上的飞跃。

为了实现根据水泥热释放速率以及现场实时温湿度监测结果进行自动喷淋养护,智能养护系统的设计理念为:

(1)混凝土水化热释放规律的确定。混凝土各组分中只有水泥水化才产生反应热量,其他组分只是温度升高吸收部分热量,因此只需确定水泥的水化放热规律即可确定混凝土水化热释放规律。

(2)喷淋时间的确定。通过水泥水化热释放规律确定养护时间间隔,并基于现场实时监测温湿度以合理调整自动喷淋时间。

(3)喷洒方式。为了适应混凝土构件形状的复杂性以及节约水资源,提出采用喷雾的方式进行养护,并提出采用变频技术弥补由于水头损失引起的远端喷雾所需水压力。

(4)自动化控制。结合传感、信息处理、无线传输等技术,根据不同配合比混凝土的水化热量释放率、梁体周边环境温湿度实现自动调整养护频率与喷淋强度以保证水化热的平稳释放,达到养护的目的,同时对养护全过程技术信息进行记录与保存。

基于上述设计理念,智能养护系统设计方案如图 2-1 所示。

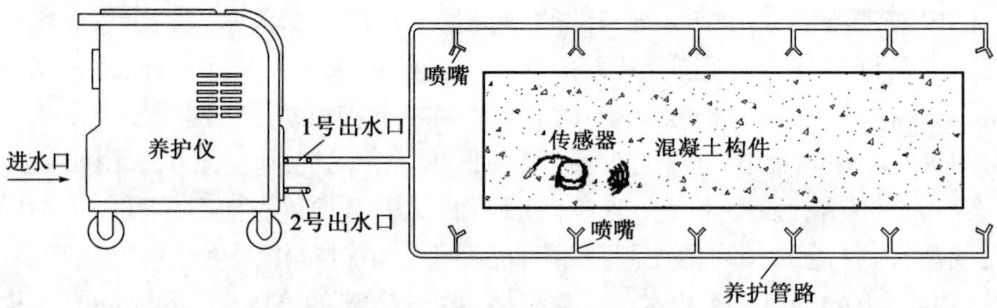

图 2-1　智能养护仪设计方案

2.2.2　水化热释放规律及理论喷淋时间的确定

1. 水化热释放规律

水泥水化热的测定主要有直接法和溶解热法两种方法。溶解热法可在恒温条件下测定水泥的长龄期水化热值,但不适宜 24h 内的水化热测定,24h 内水化热可以采用直接法补充这部分的数据。

(1)溶解热测试24h后水泥水化热释放规律

依据热化学盖斯定律,在热量计周围温度一定的条件下,采用未水化与水化一定龄期 t_i 的水泥分别在一定浓度的标准酸溶液中溶解,其溶解热差为该龄期内的水化热 q_i。以 t_i 时间段内的平均放热速率代替 t_i 时刻的放热速率,则其放热速率为:

$$v_i = \frac{q_i - q_{i-1}}{t_i - t_{i-1}} \tag{2-1}$$

式中:q_i——i 时刻对应的水化热数值(kJ/kg);

t_i——龄期;

v_i——t_i 时对应的放热速率[kJ/(kg·h)]。

(2)直接法测24h内水泥水化热释放规律

假定在热量计周围温度不变的条件下,测得不同实际龄期 t_i 热量计内温度计的读数 T_r,以此求得不同实际龄期 t_i 对应的水泥水化热值 q_i。由于水化热会改变直接法测试时的外界温度从而影响水化反应速率,为此引入基于 Arrhenius 方程的成熟函数来计算直接法测试时实际龄期 t_i 相对参考温度20℃的等效龄期 t_i^e:

$$t_i^e = \int_0^t \exp\left\{\frac{E_a}{R}\left[\frac{1}{T_r + 273} - \frac{1}{T(\Delta t_i) + 273}\right]\right\}dt \tag{2-2}$$

其等效离散表达式为:

$$t_i^e = \sum_{i=1}^{n} \exp\left\{\frac{E_a}{R}\left[\frac{1}{T_r + 273} - \frac{1}{T(\Delta t_i) + 273}\right]\right\}\Delta t_i \tag{2-3}$$

式中:t_i^e——实际龄期 t_i 的等效龄期;

E_a——活化能,当 $T \geqslant 20$℃时 $E_a = 33.5$(kJ/mol),当 $T < 20$℃时 $E_a = 33.5 + 1.47 \times (20 - T)$(kJ/mol);

R——气体常数,$R = 8.3144$[J/(mol·K)];

T_r——热量计内温度计的读数;

$T(\Delta t_i)$——时间间隔 Δt_i 内的平均温度;

Δt_i——时间间隔。

以 t_i^e 时间段内的平均放热速率近似代替 t_i^e 时刻的瞬时放热速率,则 t_i^e 时刻的放热速率为:

$$v_i^e = \frac{q_i - q_{i-1}}{t_i^e - t_{i-1}^e} \tag{2-4}$$

式中：v_i^e——t_i^e 时对应的放热速率[kJ/(kg·h)]。

由式(2-3)和(2-4)可以得到参考温度为20℃时水泥的水化热释放速率。

2. 确定喷淋时间间隔公式

由于混凝土表面相对湿度低于80%时水化反应基本停止，因此混凝土养护周期内应该尽量保证混凝土表面相对湿度大于此值。当无外界环境影响时，梁体表面湿度从100%蒸发至80%时所需的热量定义为名义热量 q_n。

某龄期 t_{mi} 混凝土构件喷淋结束至构件表面湿度为80%时历经的时间 Δt_{mi}，此时间段环境平均温度 T_{mi}。由式(2-3) 可得到 T_{mi} 时对应的等效龄期 t_{mi}^e 和等效时间间隔 Δt_{mi}^e，根据水化热释放速率曲线得到 t_{mi}^e 对应的放热速率 v_{mi}^e 和(t_{mi}^e + Δt_{mi}^e)对应的放热速率 $v_{mi+\Delta}^e$，得到 Δt_{mi}^e 内平均放热速率为：

$$\bar{v}_{mi} = \frac{v_{mi}^e + v_{mi+\Delta}^e}{2} \tag{2-5}$$

则名义热量 q_n：

$$q_n = \bar{v}_{mi} \cdot \Delta t_{mi}^e \tag{2-6}$$

式中：q_n——名义热量(kJ/kg)；

$\bar{v}_{mi}$——Δt_{mi}^e 内平均放热速率[kJ/(kg·h)]；

Δt_{mi}^e——喷淋结束到梁体湿度降到80%所经历的等效时间(h)。

为了消除拆模后积蓄的水化热对梁体表面湿度的影响，取拆模后第三次喷淋期间的水化热作为该梁体的名义热量。

在混凝土构件养护过程中，前期由于水化热释放很快使构件表面水分蒸发很快，随着水化热释放速率的降低，外界环境对构件表面水分蒸发起主要作用，因此考虑对两个不同时间段采用不同的公式确定喷淋时间间隔，并假定：

①假定每个喷淋时间间隔内混凝土构件释放的热量等于名义热量。

②由于喷淋需要一定的时间，养护不能等到混凝土表面水分低于80% RH进行，引入参数 t_{sp} 为提前开启喷淋的时间。

(1)48h 前喷淋时间间隔

由于不同的环境温度 T_m 会影响构件水化热的释放，因此可由式(2-3)计算出不同龄期 t_{mi} 对应的等效龄期 t_{mi}^e，从而得到相应的放热速率 v_{mi}^e。则此龄期 t_{mi} 时的喷淋时间间隔为：

$$\Delta t_i^e = \frac{q_n}{v_i^e} - t_{sp} \tag{2-7}$$

(2)48h 后喷淋时间间隔

龄期在 48h 以后,为保证保湿的效果,在 48h 以后均按照 48h 计算出的等效龄期对应的放热速率 v_{48h}^{e} 来计算养护时间间隔。

$$\Delta t^{e} = \frac{q_{n}}{v_{48h}^{e}} - t_{sp} \tag{2-8}$$

式(2-7)、式(2-8)得到的时间为等效时间间隔,由式(2-3)可反算得到环境平均温度 T_{m} 下的实际时间间隔:

$$\Delta t = \frac{\Delta t^{e}}{\exp\left(\frac{1}{20+273} - \frac{1}{T_{m}+273}\right)} \tag{2-9}$$

综合式(2-7)~式(2-9)得到混凝土构件理论喷淋时间间隔为:

$$\Delta t = \begin{cases} \dfrac{\dfrac{q_{n}}{v_{i}^{e} - t_{sp}}}{\exp\left(\dfrac{1}{20+273} - \dfrac{1}{T_{m}+273}\right)} \\ \dfrac{\dfrac{q_{n}}{v_{48h}^{e} - t_{sp}}}{\exp\left(\dfrac{1}{20+273} - \dfrac{1}{T_{m}+273}\right)} \end{cases} \tag{2-10}$$

式(2-7)~式(2-10)中:Δt——对应龄期的养护时间间隔;

v_{i}^{e}——等效水化热放热速率[kJ/(kg·h)];

t_{sp}——喷淋时间;

T_{m}——环境平均温度。

2.2.3　喷淋系统的设计

由于水头压力损失会导致远离给水口的喷头水压力过小,从而不能实施有效的喷雾养护。为了保证喷淋面积完全覆盖混凝土表面的同时亦不浪费用水,设计采用恒压变频技术调速供水确保远离给水口的喷头水压力达到喷雾所需的最小水头压力 H_{min}。

1. 确定管道输入口水头压力 H_{or}

设图 2-1 所示的智能养护系统的一个出水口有 n 条管路,如图 2-2 所示。

根据水流传输过程中的沿程水头损失和局部水头损失,可以计算出第 j 条支路上沿程水头损失 h_{fj} 和局部水头损失 $\sum h_{j}$,得到第 j 条支路进水口处水头压力为:

$$H_j = H_{\min} + h_{fj} + \sum h_j \tag{2-11}$$

喷淋管路共布置 n 条支路得到水泵出水口水头压力为：

$$H_{or} = \sum_{j=1}^{n} H_j \tag{2-12}$$

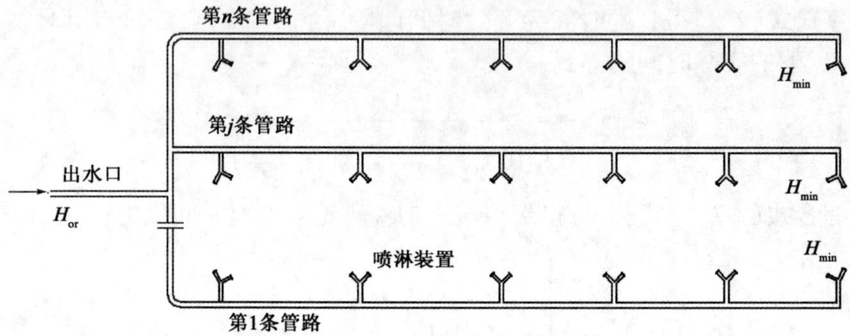

图 2-2　管路示意图

2. 变频恒压技术保证供水压力

当喷头开启后，管道内的水压力随之会减小，通过变频恒压调整水流量实现水泵给水口压力始终保持 H_{or}。变频恒压供水系统中是同时采用变速泵和变阀门开度来保证恒压供水，为了实现这一目标，具体实施过程如下：

(1)根据水泵生产厂家提供的输出压力 H 与输出流量 Q 之间的关系曲线 $H=f(Q)$，有相似定律可得任意转速 n 下的 H-Q 关系：

$$\frac{H}{H_0} = \frac{n^2}{n_0^2} = \frac{Q^2}{Q_0^2} \tag{2-13}$$

或

$$\frac{H}{Q^2} = \frac{n^2}{Q^2} = S \tag{2-14}$$

式中：H_0、Q_0——分别为在额定转速 n_0 下的出水压力和流量。

(2)对于特定管路系统中当管道参数(管道直径、长度、形状、材质、阀门开度等)一定时，流经管道的流量与管道输入口所加的压力之间的关系可由下式给出：

$$H = H_z + k \cdot Q^2 \tag{2-15}$$

式中：H_z——管道总位置水头(m)；

k——管道阻力系数（s^2/m^5）。

（3）关联曲线绘制。k 可根据管路系统的沿程阻力、局部阻力、几何形状、阀门开度等直接计算出。当改变阀门开度则可以计算相应的 k 值，由此可得到不同阀门开度下的一系列管路特性曲线，如图 2-3 所示。

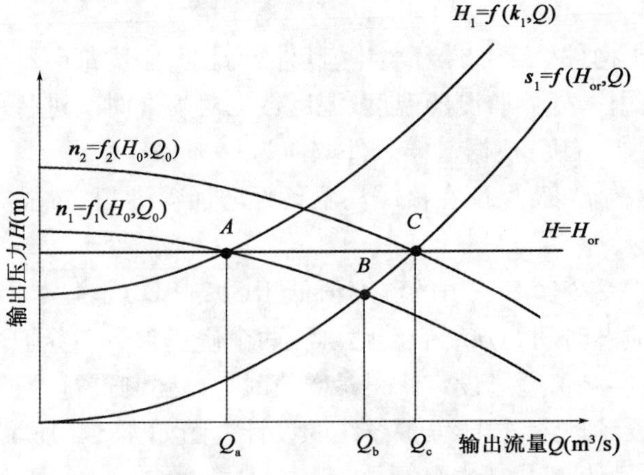

图 2-3　水泵工作点示意图

（4）水泵转速的确定。某一工况下对应的管道阻力系数为 k_1，k_1 对应的管道特性曲线 $H_1=f_1(k_1,Q)$ 与设定的恒压线 $H=H_{or}$ 的交点为 A（图 2-3），当开启喷淋时，管路流量由 Q_a 增加至 Q_b，此时 A、B 之间的水头压力差值 ΔH 可根据设置在出水口处的压力传感器测得。当测得的压力差值 $\Delta H\neq0$ 时，变频恒压控制系统将根据水泵的相似定律，工作点将沿着曲线 $s_1=f(H_{or},Q)$，由 B 点移动至 C 点（此时 $\Delta H=0$）。

由于异步电动机的转速 n 与其供电频率 f 成正比关系，见式（2-16），所以通过改变电源频率就能改变电机转速，从而实现调速的目的，频率的改变量 Δf 见式（2-17）。

$$n=\frac{60f(1-s)}{p} \tag{2-16}$$

$$\Delta f=\frac{p}{60(1-s)}\left(\sqrt{\frac{H_{or}}{H_0}}-\sqrt{\frac{H_{or}-\Delta H}{H_0}}\right)n_0 \tag{2-17}$$

式中：f——水泵电动机电源频率（Hz）；

p——电动机的极对数；

s——转差率。

2.2.4 自动化控制设计及参数修正

将水泥水化热释放规律及理论喷淋时间间隔,以及恒压变频控制写入可编程逻辑控制器PLC(Programmable Logic Controller),作为控制时间点对混凝土进行养护。

由于混凝土构件处于自然环境中,其外界温度、湿度都会影响构件水化热和表面湿度,为此引入外界监测的温度、湿度数据对喷淋时间进行修正。

(1)养护最低湿度:根据气候条件取值为80% RH。

(2)养护最高温度:保证在极端高温条件增加喷淋频率,根据气候条件取值为45℃。

当智能养护系统实时反馈的湿度值低于80% RH或者梁体温度高于45℃,不论是否达到喷淋时间均强制启动喷淋。两个修正参数在养护全周期均参与智能养护控制,在实测值超过设定修正参数值时立即强制进行养护。

根据以上设计理念,智能养护系统的设计框图如图2-4所示。

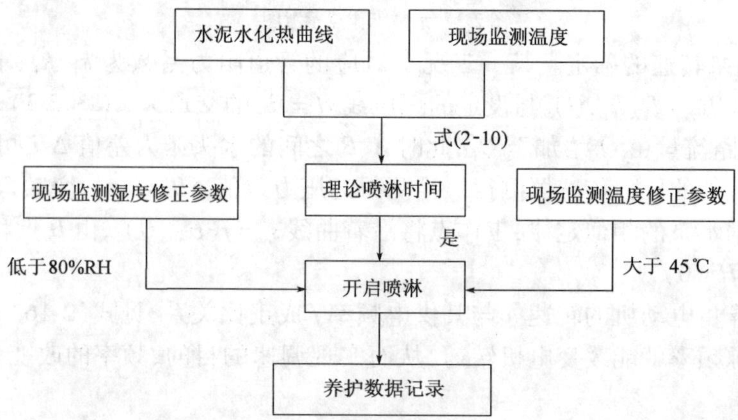

图2-4 监测程序框图

2.2.5 智能养护系统部件设计及其功能

根据以上设计理念,混凝土智能养护系统部件包括智能养护仪主机、无线测温、测湿终端、养护终端(养护棚架与养护管路组成)。养护仪主要配件包括内置吸水泵、压力、温湿度变送模块、电磁阀、调速变频器、PLC、配电系统等。养护仪主机结构如图2-5、图2-6所示。

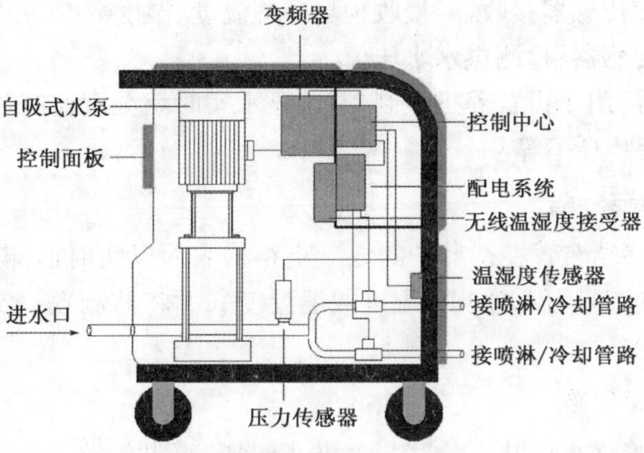

图 2-5　养护仪主机结构图

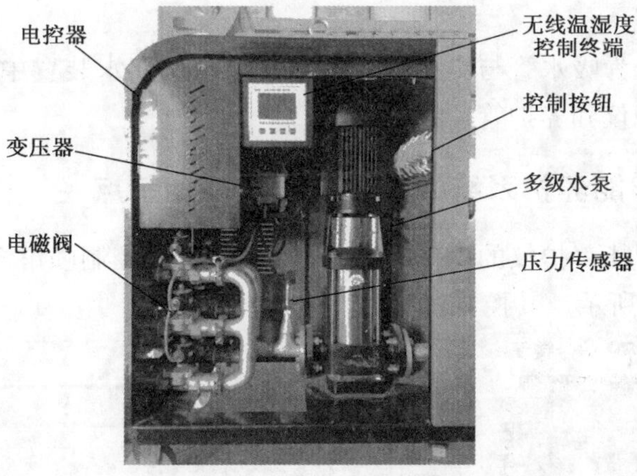

图 2-6　养护仪主机内部构造

1. 水泥混凝土智能养护仪主机构造

(1)控制器:在程序控制下能根据现场检测的温湿度条件、水化热的释放速率控制自吸式水泵的开启及通过变频器变频调整自吸式水泵的转速。

(2)调速变频器:控制自吸式水泵转速以调节压力与流量,调整出水口压力,从而保障喷淋头喷雾效果。

(3)配电系统:给各电器元件供电。

(4)自吸式水泵:供水、增压。

(5)温湿度传感器接收器:接收现场环境温度、湿度数据,并发送给控制器。

(6)压力传感器:检测供水水压值。

(7)触摸屏:用于设置养护控制参数、显示实时温湿度监视数据以及系统工作时水压值、变频频率等。

2. 无线测试终端

无线测试终端布置在待养护的混凝土结构表面以实时监测梁体表面温度、湿度(根据所选型号可单独测试温度或温湿度),并将监测数据实时传输给温湿度传感器接收器。

3. 喷淋养护管路

喷淋养护管路有喷淋主管路与喷淋头组成,喷淋管路采用 PPR 给水管,管径根据不同类型的待养护结构物设计确定,喷淋头采用塑料材料双式喷头,分为角度固定与360°可调两种。

4. 橡胶水管

橡胶水管分为吸水管与出水管。进水管用于从储水装置中吸水,出水管用于连接智能养护仪和养护管路。

2.2.6 智能养护系统的控制原理及功能特点

为了提高智能养护仪的工作效能,采用一台主机控制喷淋多个混凝土结构的养护如图2-7所示。其控制过程如图2-8所示。

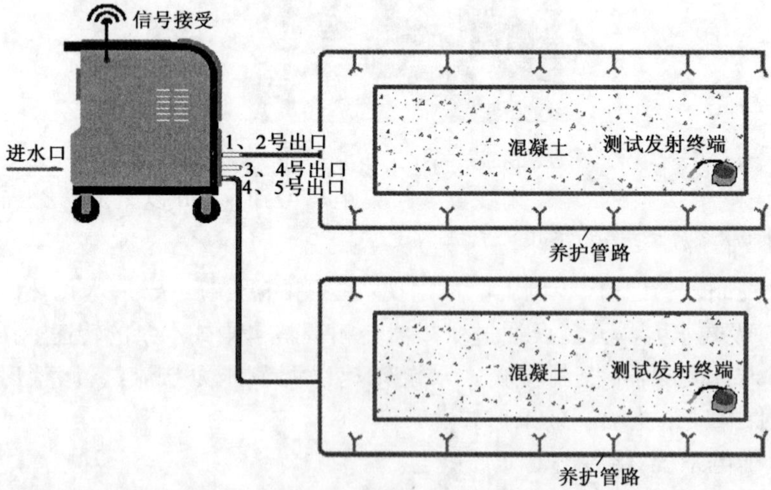

图2-7 多混凝土构件智能养护示意图

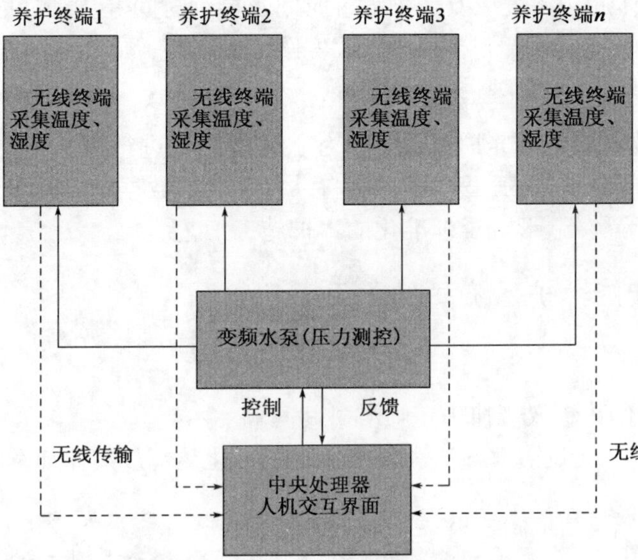

图2-8　智能喷淋养护系统多管路控制原理图

根据智能养护仪的设计理念、控制参数,其主要特点为:

1. 自动完成全周期养护

智能化养护系统采用PLC程控技术和变频技术,控制程序能根据水化热释放规律和现场实时监测温湿度结果自动调节喷淋水雾,达到"标准化"养护的效果,且养护过程自动完成,杜绝了人为因素的不利影响。

2. 无线网络化技术与高精传感技术相结合

智能化养护系统引入先进的无线网络化智能监测技术,能同时监测多个混凝土构件的环境温湿度。由PLC控制器对实时监测数据进行分析判断,确认逻辑条件后由控制中心驱动水泵进行养护,无线温度测试精度达到0.1℃,无线湿度测试精度可达3.0%RH,无线数据采集距离可到300m以上,可完全满足一个大型预制混凝土梁场的需求。

3. 喷淋时间的合理控制

根据水泥水化热曲线计算出构件的理论喷淋时间及实时监测数据确定合理的喷淋时间,在不同养护龄期变化养护频率与喷淋强度以实现水化热的平稳释放。

4. 养护过程技术数据自动记录

智能养护系统可全过程自动记录养护施工数据,如环境温度、环境湿度、梁体表面温度、梁体周边湿度以及养护喷淋时间及持续时间等,形成可追溯的真实数据记录表格,便于质量管理与积累工程实践经验。

5. 规范养护过程

根据施工技术规范及养护方案要求对水泥混凝土进行规范养护,严格工艺流程,极大可能的降低人为因素的干扰,自动保存养护数据。改变了传统养护不严谨、随意洒水等弊端,形成了标准化的养护施工工艺。

2.2.7 智能养护系统案例分析

1. 试验方法

(1)测试水化热释放规律确定喷淋时间间隔

某品牌的水泥通过溶解热法和直接法得到水化热释放规律如图 2-9 所示。

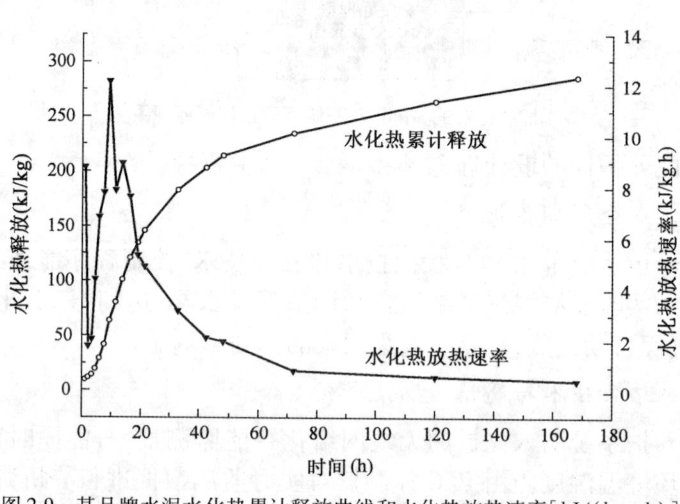

图 2-9 某品牌水泥水化热累计释放曲线和水化热放热速率[kJ/(kg·h)]

(2)自动化控制程序

在 PLC 控制中,将式(2-9)、式(2-10)得到的理论喷淋时间间隔和频率改编值写入控制程序。

2. 试验结果分析

采用上述品牌水泥制备了 20 片 30m 箱梁,其中 10 片采用智能养护编号为 A1 ~ A10;另 10 片采用传统洒水养护编号为 M1 ~ M10,如图 2-10、图 2-11 所示。每组试件除采用不同的养护方式进行养护外,其他因素如配合比及所处环境温、湿度均相同。智能养护的 10 片箱梁从混凝土梁拆模后开始第一次喷淋,连续测试 7d。传统养护的 10 片梁采用人工不定时洒水养护。试验测试内容包括环境温度和湿度、梁体表面温度和湿度、养护后的混凝土强度以及梁体表面裂缝。

图 2-10　智能喷淋养护

图 2-11　传统梁体覆盖土工布

传统养护 M1 及智能养护 A1 相对湿度对比如图 2-12 所示，统计值见表 2-1。由图 2-12 可知，人工洒水养护箱梁表面的相对湿度与环境湿度变化相一致，在洒水 3h 后梁体表面湿度能由 81% 降低到 38%，而智能养护的梁体表面的相对湿度均能维持在 80% 以上。

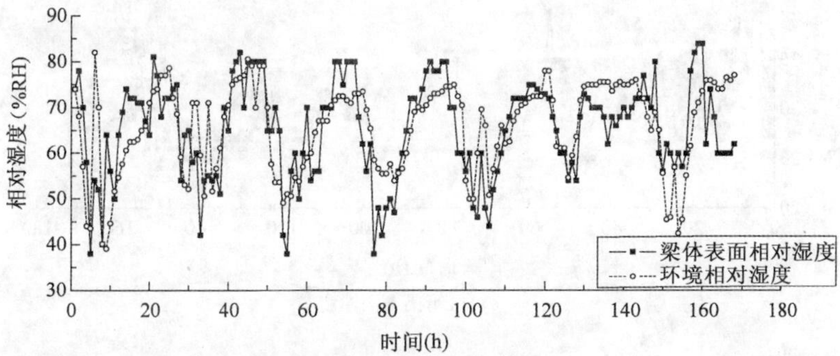

a) M1箱梁表面相对湿度

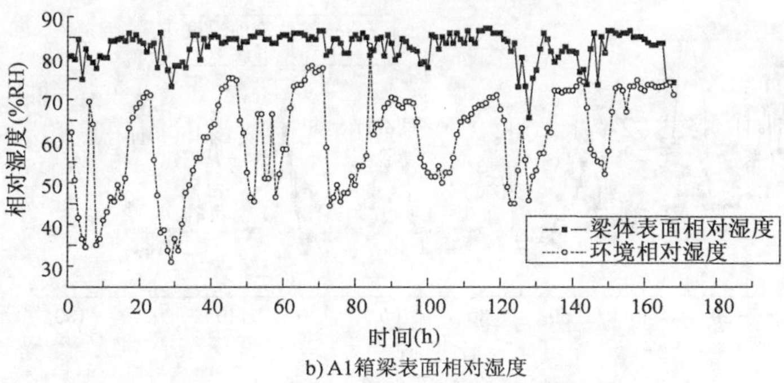

b) A1箱梁表面相对湿度

图 2-12　箱梁表面相对湿度和环境相对湿度对比

箱梁 M1 和 A1 表面相对湿度(RH)统计　　表 2-1

Type	Min RH(%)	Max RH(%)	均值(%)	标准差
M1	39.1	84.0	65.32	10.67
A1	78.1	92.1	87.69	3.44

相比于箱梁 M1 表面相对湿度均值和标准差分别为 65.32% 和 10.67,见表 2-1,智能养护箱梁 A1 的表面相对湿度和标准差分别为 87.69% 和 3.44,因此,智能养护箱梁的表面相对湿度更大且更稳定,在此稳定湿度下的混凝土箱梁更能发生良好的水化反应。

传统养护 M1 及智能养护 A1 表面温度对比如图 2-13 所示。人工洒水养护的箱梁梁体表面温度与环境温度相近,且在夜间人工洒水频率减小的情况下,出现了高于环境温度的情况。而智能养护的箱梁梁体表面温度普遍低于环境温度,说明喷淋及时有效的引导了水化热的释放,降低了梁体表面的温度。

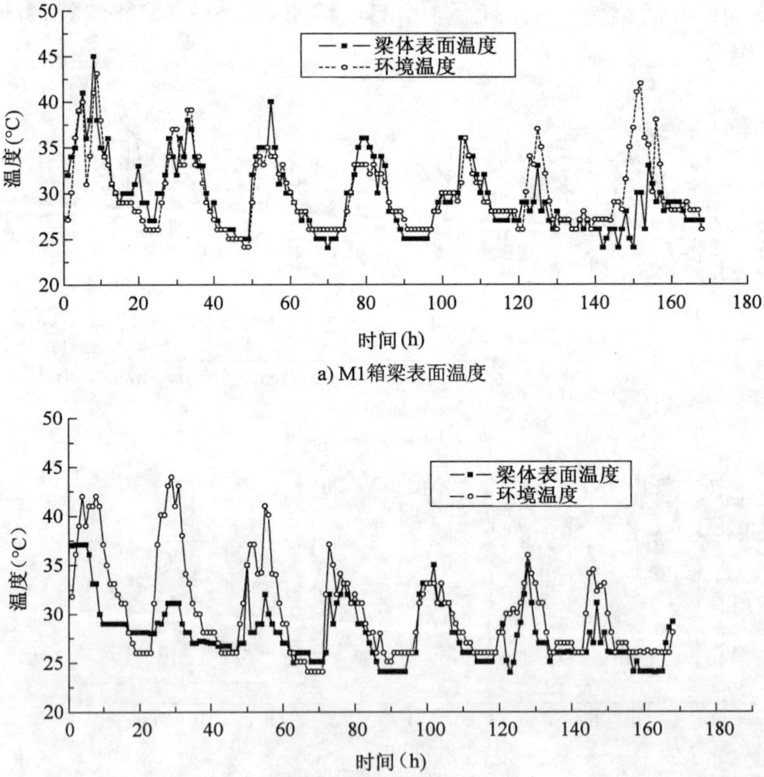

a) M1箱梁表面温度

b) A1箱梁表面温度

图 2-13　箱梁表面温度和环境温度对比

智能养护和传统养护的 20 片箱梁表面相对湿度对比如图 2-14 所示。在整个养护周期内，人工洒水养护的箱梁表面的最低相对湿度在 30% ~52% 之间，而智能养护的箱梁表面最低相对湿度在 77.6% ~80.2% 之间，接近期望值 80%，如图 2-14a）所示。箱梁表面平均相对湿度统计数据如图 2-14b）所示，智能养护箱梁表面平均相对湿度均大于 87% 且 10 片箱梁平均湿度值相近，而人工洒水养护的箱梁表面平均相对湿度分布在 62% ~76% 范围内，远低于期望值 80%。

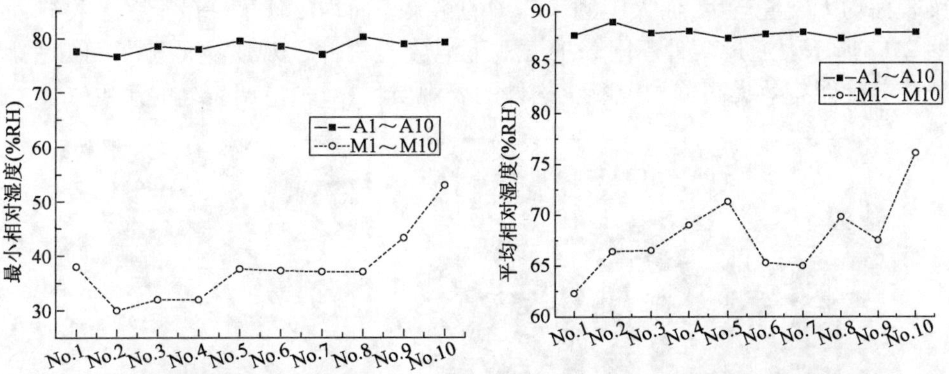

a）箱梁表面最低相对湿度　　b）箱梁表面平均相对湿度

图 2-14　箱梁表面相对湿度对比

通过对相对湿度的统计数据的分析可以得知智能养护能够有效地控制梁体表面的相对湿度达到预期值 80%，说明了建立在水化热释放规律上的理论喷淋时间间隔公式的有效性。同时在喷淋过程中 PLC 能实施卓有成效的控制。

箱梁表面最高养护温度如图 2-15 所示。人工洒水养护箱梁表面最高温度在 37 ~45℃之间，分布离散。而采用智能养护的 10 片箱梁养护最高养护温度在 35 ~39℃之间，分布较为均匀。

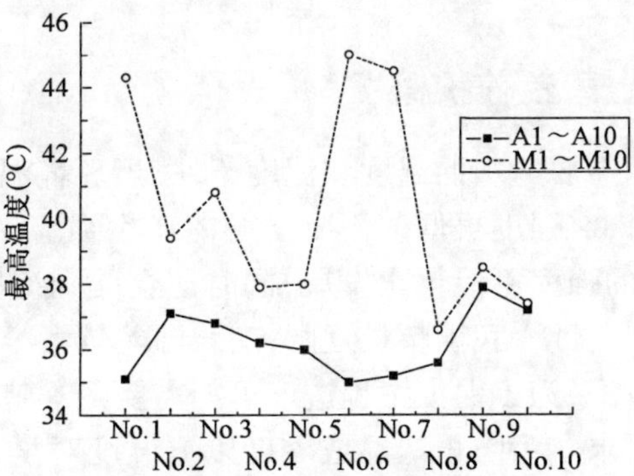

图 2-15　箱梁表面最高温度对比

智能养护和人工洒水养护箱梁构件 7d 抗压强度对比如图 2-16 所示，智能养护的箱梁 7d 抗压强度比人工洒水养护普遍高出 0.9 ~3.1MPa，对比说明智能养护能够得到性能更高的混凝土构件。

由于智能养护能够实现对温湿度的有效控制，因此 A1 ~ A10 表面均无色差出现，而人工洒水养护的箱梁均出现了不同程度的表面色差，如图 2-16 所示。分别统计智能养护和人工洒水养护的箱梁出现的表面裂缝，采用智能养护的箱梁表面均无裂缝产生，而人工洒水养护的箱梁表面均出现了一条至多条裂缝，如图 2-17 所示。通过两种不同养护方式下混凝土构件表观质量的分析可知采用智能养护能有效提高养护混凝土构件的表观质量，减少早期裂缝的产生。

图 2-16　M7 箱梁表面色差

图 2-17　M4 箱梁表面裂缝

综上所述，采用智能养护的方式能够有效控制养护过程中混凝土构件的表面温湿度，有效地引导了混凝土水化热释放，从而提高混凝土的养护质量。

2.3　智能化蒸汽养护系统的设计理念及应用

2.3.1　混凝土蒸汽养护概况

混凝土水化作用需要适当的温度和湿度条件，当环境温度降到 4℃以下，混凝土中水分开始膨胀，对强度很低的混凝土可能产生损害。如果混凝土温度降到冰点以下，混凝土的强度不但停止发展，同时还会受到冻胀破坏作用，严重影响混凝土的强度和耐久性。我国幅员辽阔，南北温差较大，对于冬季的北方地区常处于低温或零度以下，为了保证工程进度可能需要冬季施工，这就对混凝土施工工艺提出了严格要求。为防止低温或零度以下温度对早期混凝土的破坏，需采取技术措施保障养护期内混凝土的温度处于合适的温度场。

目前,混凝土构件的快速养护方式有电热养护法、湿热养护法、干热养护法、高频电热养护法、红外线养护法、热风养护法、电磁场养护法、热拌热振混凝土法和蒸汽养护法等。由于蒸汽含热量高、湿度大、生产和运输比较方便、成本较低,在正确使用的情况下混凝土强度可快速发展,因此蒸汽养护已成为最常用的一种热养护方法,在大型工程施工中已逐渐被人们认可,尤其是在施工循环周期受限制的工程中已初步尝试应用。我国在南京长江第二大桥北汊大桥、上海洋山深水港一期工程东海大桥、洋河公路桥等工程施工及一些预制构件的生产中,对混凝土桥梁不同程度地使用了蒸汽养护技术。据不完全统计,我国预制构件约有35%采用蒸汽养护。国外已将计算机控制技术和先进的测量技术应用到了混凝土制品的蒸汽养护过程中。实践证明,采用蒸汽养护技术可以有效促进混凝土的强度增长,加快模型周转,缩短生产周期,提高生产效率,有效保证施工进度。

混凝土制品蒸汽养护的实质就是在湿热介质作用下,引起混凝土一系列物理、化学及力学变化,利用蒸汽在冷凝过程中释放出来的汽化潜热加速其内部结构的形成,加快混凝土成熟度,使混凝土提前达到所需的强度。在蒸汽养护过程中,水泥水化过程中伴随着大量的热量产生,热量在混凝土中不断积蓄,使内部温度升高。由于混凝土导热性能较差,热量传递具有延时性和衰减性,内部水化热不能瞬时传递到表面,因此养护初期养护罩内的环境温度比较低,混凝土构件表面通过对流和其他方式与养护罩内的空气和水蒸气混合物进行热量交换,形成混凝土构件内部温度高而外部表层温度低的温度分布状态,即混凝土结构蒸汽养护瞬态温度场,导致混凝土梁体温度不均。内部与表面之间的温差过大,是混凝土构件蒸汽养护中需要重点关注的问题。因此,在蒸汽养护技术中,温度应力分析和温差控制是关系到保证混凝土质量的必要条件。

2.3.2　智能蒸汽养护系统设计理念

智能蒸汽养护系统是在智能喷淋养护系统基础上通过增设蒸汽产生器发展而来的,区别在于智能蒸汽养护系统是输送蒸汽进行保温、保湿养护,而不是通过水雾进行喷淋养护。智能蒸汽养护系统包括主机、从机、无线温湿度终端、养护终端(包括养护暖棚和养护蒸汽管路),每台主、从机对应一个养护暖棚或多台设备对应一个暖棚,如图2-18所示。

为达到蒸汽养护的效果并最大程度的节能,智能蒸汽养护系统的设计理念为:

(1)蒸汽输送启停时间的确定。根据待养护混凝土养护罩内小环境的温、湿度要求输送蒸汽,通过程序设计参数和无线反馈数据自动实现各养护阶段对湿度、温度、升温速率及降温速率等的要求。

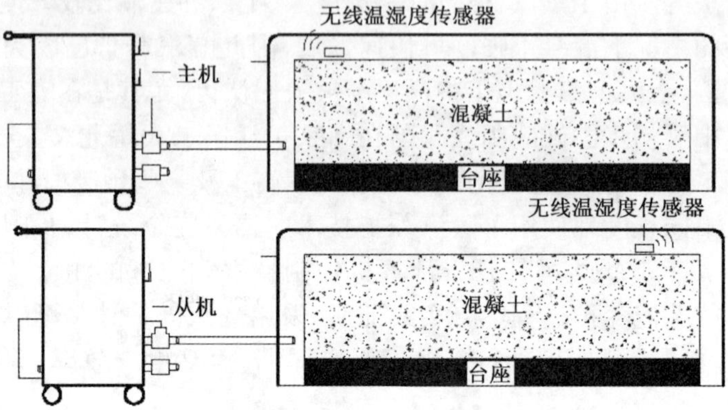

图 2-18　智能蒸汽养护系统设计方案

(2)工艺流程的自动化控制实现。系统设计一台主机、多台从机,每套主、从机对应无线温湿度传感器并设置了无线控制开关控制蒸汽电磁阀门,主机PLC 自动分析实时无线监测的温度、湿度数据,并根据分析结果确定是否发指令信号控制每台主、从机蒸汽电磁阀的开起或关闭。

(3)蒸汽产生器的自动控制。蒸汽产生器生产蒸汽控制为独立的程序控制,不由系统主机 PLC 控制。蒸汽产生器内设置压力传感器、温度传感器及自动补水设施,可以独立自动控制完成加水、加热的生产蒸汽过程。当内缸蒸汽压力或温度达到设定值后自动停止加热。若蒸汽自蒸汽电磁阀输出后,内缸压力降低或水温降低则自动补水及加热以持续产生蒸汽,当内缸蒸汽压力超限时通过自带的安全阀进行泄压。

2.3.3　智能蒸汽养护系统自动化控制设计及参数修正

主机上无线温湿度终端每 60s 采集一次混凝土构件表面监测数据,监测数据传输至主机中央控制器 PLC,PLC 根据计算分析结果无线控制每台蒸汽养护主、从机的蒸汽电磁阀开启与关闭,达到全自动智能化蒸汽养护的目的。为了保证蒸汽养护的效果,针对我国南北冬季气温的差别设计了不同的 PLC 养护控制程序:

1. 北方地区

对于北方严寒地区,智能蒸汽养护系统设置了严格的养护程序。

(1)静停阶段

混凝土浇筑后在大气环境中放置2~6h,主要是保证混凝土中水泥进行了一定程度的水化,使混凝土具有一定的结构强度以防止升温期内混凝土体积膨胀对结构产生破坏。该时间参数可根据现场实际情况确定。

(2)升温阶段

系统启动开始进入升温阶段,升温速率 K_1 为5.0~15.0℃/h。每60min进行一次升温速率计算,如升温速率大于 K_1 则暂停输出蒸汽,若升温速率小于 K_1 时则启动蒸汽输出,循环执行此流程直至系统温度 $T \geqslant T_0$℃至升温阶段结束,其中 T_0 为设定的恒温温度区间,一般为50~60℃,即温度下限 $T_1=50$℃,温度上限 $T_2=60$℃。

(3)恒温阶段

可根据需要设定恒温时间段为48~72h。该时间段内最高温度作为第一优先控制条件,一般最高温度不宜超过65℃;最低湿度作为第二优先控制条件,即相对湿度应不应小于80%。当监测到系统温度 $T \leqslant T_1$ 时,启动蒸汽输出;当系统温度 $T \geqslant T_2$ 时,停止蒸汽输出,按此流程循环直至恒温时间段结束。

(4)降温阶段

降温速率 K_2 为5.0~10.0℃/h。降温速率超过限值 K_2 时,启动蒸汽输出以弥补热量损失过快,降温速率低于限值 K_2 时,蒸汽输出不启动。监测到系统温度 T 与环境温度 T_0 差值在±5.0℃时,系统停止工作,养护结束。

该养护控制PLC程序如图2-19所示。

2.南方地区

我国南方地区零度及零度以下的天气持续时间短,通常会停止混凝土施工,但零度以上的低温时间会持续一段时间(白天一般能达到10℃及以上,晚上则在10℃以下)。如按照北方蒸汽养护流程进行养护,能耗较高,因此为了适应南方地区的气候特征及冬季施工进程放缓的特点,设计了一套简化养护程序以在保证冬季正常施工进度的同时降低能耗。

(1)初始阶段

最低湿度作为第一优先控制条件,即当构件表面相对湿度低于80%时启动蒸汽输出。温度作为第二优先控制条件,初始监测系统温度 $T \leqslant 18$℃(标准养护温度设置为20±2℃),蒸汽输出启动;初始监测系统温度 $T \geqslant 22$℃、蒸汽输出不启动。

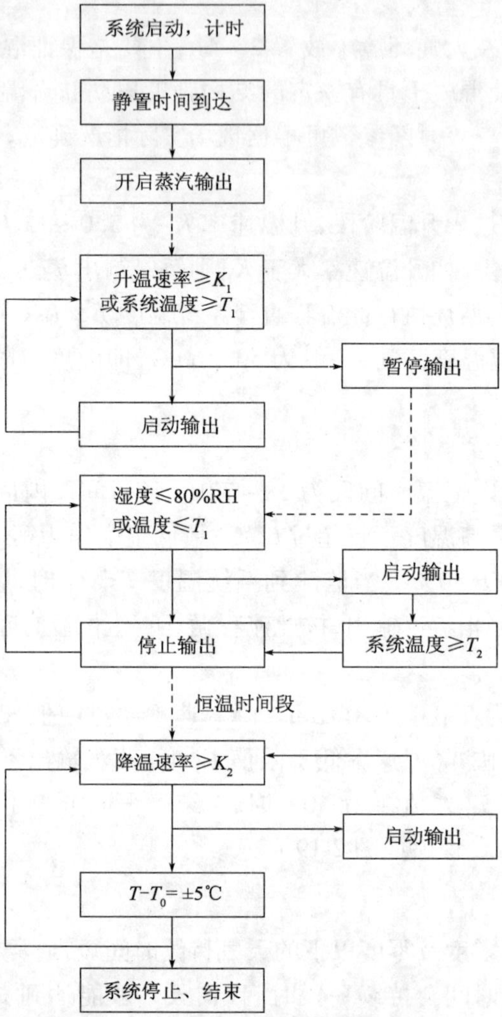

图 2-19　标准智能蒸汽养护控制程序框图

（2）升温阶段

以初始阶段蒸汽输出启动开始进入升温阶段，升温速率 K_1 为 3.0～5.0℃/h。每 15min 进行一次升温速率计算，如升温速率大于 K_1 则系统暂停，若升温速率小于 K_1 时则启动蒸汽输出，循环执行此流程直至系统温度 $T \geq 22$℃至升温阶段结束。

（3）恒温阶段

设定恒温时间段，可根据需要设定为 144～168h，该时间段内最低湿度作为

第一优先控制条件，当相对湿度低于80%或监测温度T低于18℃，启动蒸汽输出；当监测温度$T \geqslant 22$℃则蒸汽输出停止，按此流程循环直至恒温时间段结束。

（4）降温阶段

降温速率K_2为2.0～4.0℃/h。降温速率超过限值K_2时，蒸汽输出启动；降温速率低于限值K_2时，蒸汽输送不启动。若监测的系统温度T与环境温度T_1的差值在±5.0℃，系统停止，养护结束。

简化蒸汽控制程序如图2-20所示。

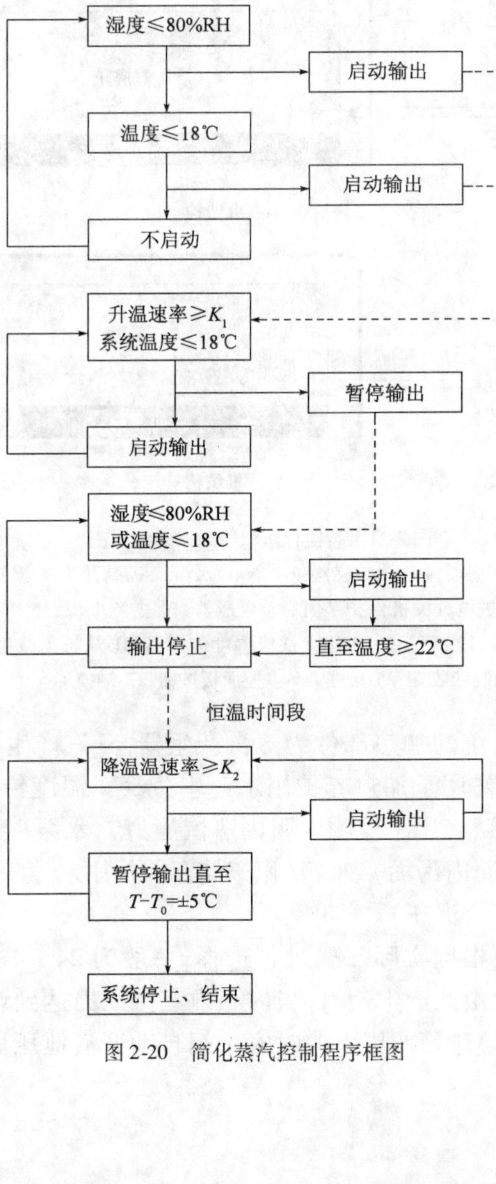

图2-20　简化蒸汽控制程序框图

2.3.4 智能蒸汽养护系统部件设计及其功能

智能蒸汽养护系统由蒸汽养护主机、蒸汽养护从机、无线测温湿终端、蒸汽输送管路组成,其中蒸汽养护的主、从机均包括蒸汽产生器。蒸汽养护系统设备结构图如图2-21所示。

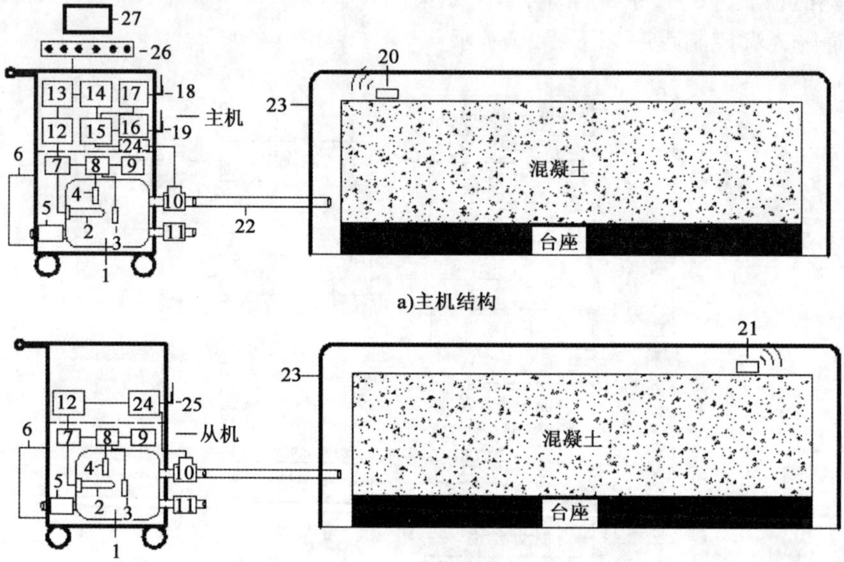

a)主机结构

b)从机结构

图2-21 智能化蒸汽养护系统结构图

1-内胆;2-加热器;3-温度传感器;4-压力传感器;5-水泵;6-水箱;7-控制开关;8-控制器;9-控制面板;10-蒸汽电磁阀;11-安全阀;12-进电开关机保护装置;13-变压器;14-主流电源;15-PLC;16-IO 控制发射端;17-无线汇集终端;18-天线;19-天线;20-主机无线温湿度传感器;21-从机无线温湿度传感器;22-蒸汽管;23-养护棚罩;24-IO 控制接收端;25-天线;26-主控面板按钮;27-触摸屏

智能蒸汽养护系统的加热部件为蒸汽产生器,蒸汽产生器包括内胆(在其内储存蒸汽)、加热器(用于加热养护用水产生蒸汽)、温度传感器(用于监测内胆内温度)、压力传感器(用于监测内胆内蒸汽压力)、水泵(用于给内胆加水)、排污口(用于排除内胆内污垢)、水箱(用于储存养护用水)、安全阀(用于当内胆内蒸汽压力过大时安全泄压)。

加热器的功率可根据实际需要进行选择,一般为24~48kW。加热管将内胆内的水加热并气化由此产生蒸汽,当内胆内蒸汽压力达到设定压力时自动停止加热,若蒸汽压力超过警戒压力值时安全阀自动开启泄压。当监测到内胆内压力、温度或水位降低后自动补水、加热以保证内胆内具有足够的蒸汽和设定的蒸汽压力。

蒸汽输送管路应为耐高温和耐压管道，一般需要耐温 170℃ 以上和耐压 2.0MPa，根据现场需要沿管路每 1.5～2.0m 开 2mm 排气孔。

无线温湿度终端包括无线温湿度发射终端与汇集终端：混凝土构件上设有温湿度传感器并适时发射监测数据，该发射终端与主、从机上的汇集终端一一匹配，根据需要可设定数据传输频率，汇集终端采集的数据经 A/D 转换后可通过 MODBUS 通信传输给主机处理器进行数据分析运算。

2.3.5　智能蒸汽养护系统案例分析

2015 年 1 月，湖南某高速预制梁场需要预制 30m 小箱梁。根据该梁场所在地区历史气温查阅，可能出现 0℃ 及 0℃ 以下的天气，因此现场采用了智能化蒸汽系统用于混凝土小箱梁的保温保湿养护。鉴于施工进度比较慢，现场采用了 1 台主机加 1 台从机的组合，每台设备对应 1 套无线温湿度发射终端，且每台设备养护 1 片 30m 预制小箱梁。由于该地区昼夜气温相差较大，白天最高气温可达到 10℃ 以上，选用了简化蒸汽养护程序进行养护。现场配置专用蒸汽养护棚罩 2 套，以及设有自来水可满足蒸汽产生器自动加水的需求。智能化蒸汽养护系统施工现场如图 2-22 所示。

图 2-22　智能蒸汽养护施工现场

1. 养护参数设定

该梁场智能蒸汽养护参数设置如下：

(1) 标准养护温度：20±2℃。

(2) 最低相对湿度：80% RH。

(3) 升温速率：5.0℃/h。

(4)降温速率：4.0℃/h。

(5)恒温时间:144h。

(6)养护初始温度:8.5℃。

(7)拆模时环境温度:10.3℃。

2.蒸汽养护效果

养护完成后,小箱梁表面没有发现裂缝,且构件表面颜色基本一致、无色差,如图2-23所示。对同条件养护的混凝土试块强度进行检测,试件平均强度58.4MPa,高于规范要求的1.15×50MPa$=57.5$MPa,即7d养护后混凝土强度已经达到设计强度标准值。

图2-23　蒸汽养护后的预制箱梁外观

第3章 预应力混凝土智能化张拉技术

3.1 预应力混凝土张拉技术的研究与发展

预应力原理在生产中的应用已有很悠久的历史,但预应力技术在工程上的应用还不到一个世纪。1888 年,德国人 Dohring 将预应力钢丝浇入混凝土来制作板和梁并取得专利,这是首次采用预应力筋制作混凝土预制构件的创意。后来各国对预应力技术进行了研究,由于当时对混凝土和钢材在预应力状态下的性能缺乏认识,使预应力效果不明显,因此上述方法和专利没有得到推广应用。直至 1928 年 Freyssinet 指出预应力混凝土必须采用高强钢材和高强混凝土,从而将预应力混凝土推进了实用阶段,实现了理论上的关键性突破,此后德国、法国和美国开展了如何有效施加预应力的研究。1950 年国际预应力混凝土协会 FIP 的成立是预应力进入推广和发展阶段的重要标志,由此拉开了预应力混凝土技术在美国、加拿大、日本和澳大利亚等国大力推广的序幕,1953 年英国举行了首届国际预应力混凝土会议。

我国预应力混凝土技术的应用和发展时间较短,20 世纪 50 年代初预应力混凝土技术才开始在我国得到推广应用,1958 年颁布《预应力混凝土施工及验收试行规范》(技规 3－58),1957 年北京周口店建造了一座单跨 20m 简支 T 形梁的试验桥,这是我国第一座预应力混凝土公路桥梁。随着对预应力混凝土理论的深入研究,我国预应力混凝土设计理论和施工技术也取得了丰硕成果,相应的研究成果体现在我国编制的《混凝土结构设计规范》、《混凝土结构工程施工质量验收规范》等规范和规程中,如今预应力混凝土技术的应用已经渐渐扩展到居民住房、大跨和大空间的公共建筑、高层建筑、交通基础设施、地下结构、水利结构及其他工程。

3.1.1 预应力混凝土基本原理

预应力混凝土是按照需要预先引入某种量值与分布的内应力,以局部或全部抵消使用荷载应力(主要为混凝土截面拉应力)的一种混凝土。混凝土的预压应力一般都是通过张拉预置在混凝土结构中的预应力筋(碳素钢丝、钢绞线、钢筋)实现的。对采用钢材作为预应力筋的预应力混凝土,可以用三种不同的概念来理解和分析。

1. 第一种理解

——预加应力使混凝土由脆性材料成为弹性材料。

这一概念把预应力混凝土基本看作混凝土经过预压(一般通过高拉力的钢筋)后从原先抗拉弱抗压强的脆性材料变成一种既能抗拉又能抗压的弹性材料。由此概念产生了无拉应力准则。一般认为,如果混凝土中没有拉应力,就可能没有裂缝,混凝土也就不再是脆性材料,而变为一种弹性材料。因此混凝土被看作承受两个力系,即内部预应力和外部荷载。外部荷载引起的拉应力被预应力所产生的预压应力部分抵消或全部抵消,所引起的混凝土开裂也会被预应力筋阻止或延迟。在正常使用状态下混凝土是没有裂缝出现的,甚至没有拉应力出现,这是全预应力混凝土结构的情形,在这两个力系作用下所产生的混凝土的应力、应变及挠度均可按弹性材料的计算公式考虑,并在需要时叠加。

2. 第二种理解

——预加应力充分发挥了高强钢材的作用,使其与混凝土能够共同工作。

这种概念是将预应力混凝土看作是高强钢材与混凝土两种材料的一种结合,其性能与钢筋混凝土一样,即钢筋承受拉力、混凝土承受压力以形成一对抵抗外力弯矩的力偶。如果要使预应力混凝土结构中高强钢筋的强度充分被利用,必须使其具有很大的伸长变形,但若高强钢筋也像普通钢筋混凝土的钢筋那样简单地浇筑在混凝土体内,在工作荷载作用下高强钢筋周围的混凝土势必严重开裂,构件将出现超过规范要求的裂缝宽度限值和挠度限值,因此预应力混凝土中的钢筋必须在与混凝土结合之前预先张拉。从这一观点看,预加应力只是一种充分利用高强钢材的有效手段,所以预应力混凝土又可看成是钢筋混凝土应用的扩展,这一概念清晰地告诉我们:预应力混凝土也不能超越材料本身的强度极限。

3. 第三种理解

——预加应力平衡了结构外荷载。

这种概念把预加应力的作用主要看作是试图平衡构件上部分或全部的工作荷载。如果外荷载对梁各截面产生的力矩均被预加应力产生的力矩所抵消，那么一个受弯的构件就可以转化成一轴心受压构件。如图 3-1 所示的抛物线形设置预应力筋的简支梁，在预加应力 N 作用下，梁体可以看成承受向上的均匀荷载，以及轴向力 N。如果作用在梁上的也是荷载集度为 q 方向向下的均布荷载，那么，两种效应抵消后在工作荷载下仅受轴向力 N 的作用，即梁不发生挠曲也不产生反拱。如果外荷载超过预加力所产生的反向荷载效应，则可用荷载差值来计算梁截面增加的应力。这种把预加力看成实现荷载平衡的概念是由林同炎(T. Y. Lin)教授提出的。这种方法大大简化了复杂难解的预应力混凝土结构的设计与分析，尤其适用于超静定预应力混凝土梁。

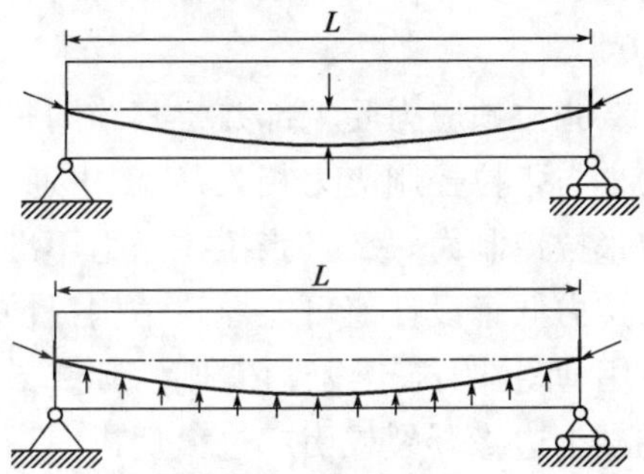

图 3-1　抛物线配筋的简支梁

对于同一个预应力混凝土可以有三个不同的概念，它们之间并没有相互的矛盾，仅仅是从不同的角度来解释预应力混凝土的原理。第一种概念正是全预应力混凝土弹性分析的依据；第二种概念则是强度理论，它提出预应力混凝土也不能超越其材料自身强度的界限；第三种概念则为复杂的预应力混凝土结构的设计与分析提供了简捷的方法。

3.1.2　预应力筋的有效应力

在预应力混凝土结构使用前预应力筋建立的预拉应力的永久存在，是预应力混凝土结构正常使用和永久使用的前提。预应力结构中预应力筋的拉应力是一个不断变化的值。在预应力结构的施工及使用过程中，由于张拉工艺，材料性能以及环境条件等种种原因，使得预应力钢筋中的初始预应力，在制作、运输、安装及使用过程中不断降低，这种预应力筋应力的降低，即为预应力损失。在预应力混凝土构件中引起预应力损失的原因很多，产生的时间也先后不一。按照我国《公路钢筋混凝土与预应力混凝土桥涵设计规范》(JTG D62—2004)中关于预应力损失的分类，主要有以下几种：

(1)预应力筋与孔道壁之间摩擦引起的应力损失 σ_{l1}。

(2)锚具变形，预应力筋内缩和接缝压引起的预应力损失 σ_{l2}。

(3)混凝土养护时,预应力筋和张拉台座之间温差引起的应力损失 σ_{l3}。

(4)混凝土弹性压缩引起的损失 σ_{l4}。

(5)预应力筋松弛引起的预应力损失 σ_{l5}。

(6)混凝土收缩和徐变引起的预应力损失 σ_{l6}。

根据张拉预应力筋和浇注混凝土的先后顺序引起的预应力损失组合有所不同,具体参见《公路钢筋混凝土与预应力混凝土桥涵设计规范》(JTG D62—2004)。

张拉预应力筋端部并将其锚固是获得预拉应力最常用的方法,此时应力的大小与张拉控制应力相关,施工中通过测量预加力的大小和变形来获得较准确的张拉控制力。一旦张拉控制力不准确,预应力混凝土结构将达不到设计要求,张拉力低于设计值可能导致结构提前开裂,从而降低结构耐久性设置影响正常使用;张拉力高于设计值,则实际有效预应力过大,在结构自重和预应力作用下混凝土边缘开裂或引起过大反拱,且预应力筋在承受使用荷载时会经常处于高应力状态,从而影响结果安全和使用功能。

3.1.3 桥梁结构预应力筋张拉技术现状及隐患

预应力混凝土结构具有建筑高度小、跨越能力大,耐久性好的优点,因而在桥梁工程中发展迅速、应用广泛。随着高强混凝土预应力技术、梁段悬臂浇筑技术、结构非线性计算分析技术的发展完善,预应力混凝土桥梁已成为我国大跨径桥梁建设的主力桥型。由于施工技术的限制以及对质量意识的程度有限,我国部分混凝土桥梁结构出现了一些病害,如开裂、过大下挠甚至部分严重破坏,且随着结构使用年限的增加及交通量的增大,这些病害出现的范围将会继续扩大。建成不到 12 年的武夷山公馆大桥由于吊杆拉断引起了桥梁垮塌,如图 3-2 所示;通车仅 14 年的钱塘江三桥引桥发生了垮塌,如图 3-3 所示,该桥的预应力混凝土箱梁在未通车前就发生严重开裂。

图 3-2 武夷山公馆大桥

图 3-3　钱塘江三桥

多数预应力混凝土桥梁病害与隐患主要来源于施工过程中预应力张拉质量引起的。传统的预应力张拉工艺具有诸多缺陷,难以保证张拉控制力的精度。面对相对完善的预应力结构设计计算方法,落后的预应力施工工艺难以满足设计要求,成为制约预应力结构应用和发展的主要因素。因此,充分利用现代科技技术以改进传统的预应力张拉工艺是目前预应力混凝土施工中迫切需要解决的问题,引起了结构工程界的高度重视。

3.2　预应力智能化张拉技术研究现状

国外的预应力工程技术发展较为成熟,对锚下有效预应力控制和各索受力不均匀性检测的相应技术较为完善,使各钢绞线受力的均匀性及有效强度大大提高,从而实现了梁的轻量化与高承载力的目标。

1978 年 Lachner 提出采用同步预应力液压多螺栓张紧器(MST)可以实现所有高应力螺栓的高精度预应力水平张拉,实现了包括远程控制和远程监控的机械化作业。

1996 年 Elliott 在《监测预应力结构》中叙述了远程监控技术的发展为后张拉预应力钢筋系统的成本效益管理提供了新选择,设计了一个案例研究工程师如何通过传统和现代的钢筋检查和监测方法来大幅降低成本,并提出了将远程监控引入到预应力结构中。

2000 年 Elliott 提出在预应力混凝土结构表面安装宽带加速计(传感器)连续监测大型预应力结构来探测钢丝故障的方法。

2004 年郭斯杰·李比较了实际项目中预应力损失的计算值与实测值的差异,认为自动后张拉技术可以比较精准和高效地控制预应力张拉。

与国外预应力张拉技术相比,我国预应力张拉施工技术相对落后,目前主要采用人工操作油泵,人工测量伸长值和记录张拉数据的方式,效率低,可靠性差,且预应力混凝土桥梁施工中有效预应力和各预应力束受力均匀性的控制尚未能实现。面对这些现状,我国对预应力张拉技术进行大量研究且取得了较好的效果。

2007 年中铁十二局集团建筑安装工程有限公司联合太原大学以有黏结和无黏结预应力结构为主要研究对象,研究预应力结构数字化张拉技术,希望实现预应力张拉过程数字化和智能化,通过张拉硬件与系统内部的可编程控制器进行数据交换,直接进行预应力筋张拉。

2008 年中国水利水电第七工程局和北京中大华润科技有限公司公布了《锚索张拉自动监控系统及监控方法》,该方法采用先进的高精度传感器代替现有千分尺和压力表,实现量测手段的飞跃。

2009 年钱厚亮等提出传统预应力张拉设备进行钢绞线张拉时,通常是人工操作油泵换向阀和人工测量预应力筋伸长值,存在人为干扰大、精度低、安全系数低等缺点,针对这些缺点提出了应对设备进行改造以实现预应力张拉过程的远程跟踪监控和操作等功能。

罗忠孟等提出了预应力张拉的智能监控系统和液压装置,可以在预应力构件的施工和长期使用中对预应力进行控制,监视应力状态的变化、发出危险状况的报警信号。

2010 年 9 月,大西铁路专线有限责任公司公布了《铁路客专箱梁预应力数控智能张拉系统》,提出智能张拉的概念,克服了手动操作、肉眼观察和人工判断方式带来的操作、观察和判断错误,实现张拉过程的自动化。

2010 年柳州欧维姆机械股份有限公司研发了多功能预应力数显试验系统,该系统可对锚具等组装件的受力和伸长变形均采用电子设备进行测量,实现自动停机,减少人工操作误差及人为因素造成的误差。

纵观国内外现状可以发现,国外对预应力张拉控制主要是对预应力结构进行监测和相应的检测控制,重点控制锚下有效预应力和各束的受力均匀性。国内对预应力筋智能张拉进行了大量研究,且桥梁预应力智能张拉的观念已深入到桥梁工程界,进一步完善桥梁预应力智能张拉的功能对桥梁结构的可靠性具有重要意义。

3.3　张拉控制原理

张拉控制原理和方法一般依据《公路桥涵施工技术规范》(JTG/T F50—2011)进行,采用双控法保证张拉控制应力施加到设计值,即以张拉力控制为主,伸长量控制为辅。

传统张拉力的测量主要是测量油压的大小,间接测量出钢绞线的力值,通过标定得到张拉力与千斤顶内油压的关系,即:

$$y = ax + b \tag{3-1}$$

式中:y——千斤顶内部的油压(MPa);

a——油压与张拉力之间的线形相关系数;

x——张拉力值(kN);

b——千斤顶自身的修正系数(MPa)。

其中:

$$x = cf$$

式中:c——预应力筋的根数;

f——每根预应力筋的张拉控制应力。

在张拉时,通过标定参数得到的张拉力与千斤顶内油压的关系,可由式(3-1)准确得到应施加力的大小。当实际张拉油压值达到预设油压值,且钢绞线伸长量与理论伸长量相对误差不超过 $\pm 6\%$ 时,则认为张拉控制应力达到了设计要求。

3.4　智能化张拉系统的设计理念

针对传统张拉过程中很难实现"双控",智能张拉系统通过现代传感技术、数字控制技术,实时采集、分析每台张拉设备的压力数据和位移值数据,数据经自动对比分析后由程序实时、同步控制油泵和千斤顶的每一个机械动作。智能张拉系统的设计理念为:

(1)张拉力精确控制。在千斤顶油缸内置压力传感器,实现油压的精确控制。

(2)伸长值精确控制。在千斤顶内缸上设置游标卡尺实现其位移的精确测量。

(3)张拉同步。对预应力筋张拉过程中两端张拉力实现精确同步,实现施力过程的平稳与精确。

(4)自动化控制。结合传感、信息处理、无线传输等技术,调整各个张拉系统的进油同步性及变频控制进油速率实现持荷过程的精细补压,实现精确调控使张拉过程以完全满足规范要求。

基于上述设计理念,智能张拉系统设计方案如图3-4所示。

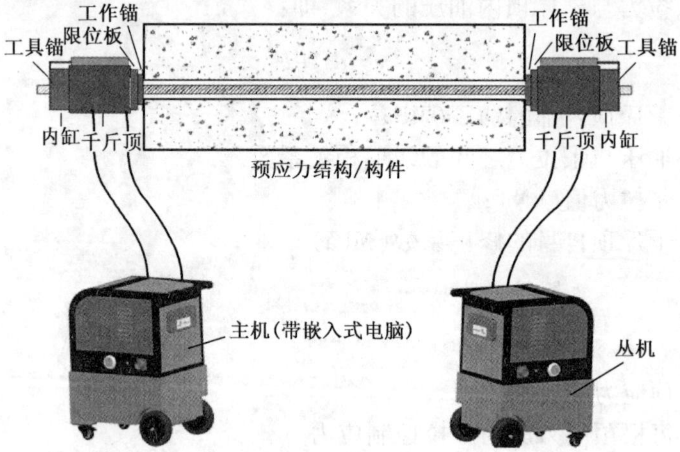

图3-4　智能张拉系统工作示意图

3.5　智能化张拉系统的组成原理

3.5.1　张拉力精确控制

只有实现对张拉系统中油压值的精确测量,才能保证张拉力具有足够的精度。为此将高精度压力传感器直接安装在千斤顶的进油端,通过直径为4mm的孔与千斤顶缸内连通,直接监测千斤顶内油压值,如图3-5所示。压力传感器输出的电流信号转换成数字信号后传输给张拉控制系统。压力传感器的测量精度可达到0.01MPa,比传统油压压力表的精度至少提高100倍。

根据《公路桥涵施工技术规范》(JTG/T F50—2011)要求,当张拉力达到设计值后进行持荷以减少了预应力松弛损失,为了保证持荷期间内张拉力的稳定,需不断调整油压大小。由于采用高精度压力传感器,智能张拉系统将张拉力精度值由传统的 ±15% 提高到了 ±1%,因此能有效保证持荷期间的油压稳定,智能张拉系统持荷控制流程如图 3-6 所示。

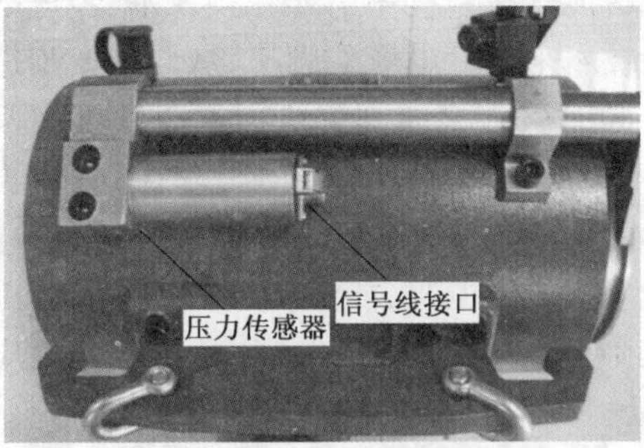

图 3-5　千斤顶内置压力传感器

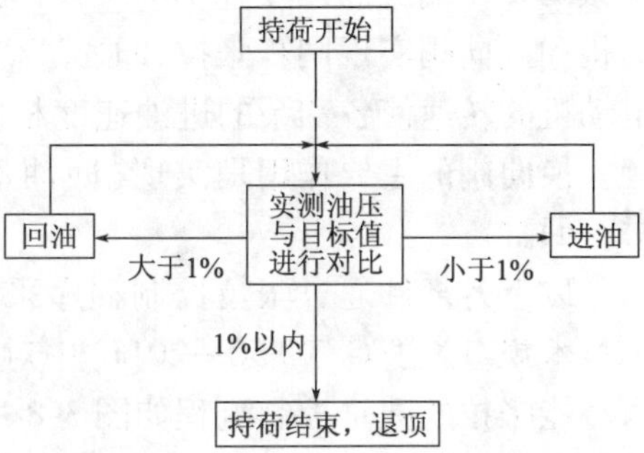

图 3-6　持荷阶段控制流程框图

3.5.2　伸长值精确控制

智能千斤顶上安装位移传感器精确测量千斤顶内缸的位移,位移传感器通过套筒固定在千斤顶的外表面,如图 3-7 所示。其伸长端通过三角板及千斤顶内缸上端的卡环固定,随着千斤顶的内缸一起伸缩,达到准确监测延伸量的目的,同时套筒的使用加强了对位移传感器的保护,以适应位移传感器对复杂施工现场的适应能力。

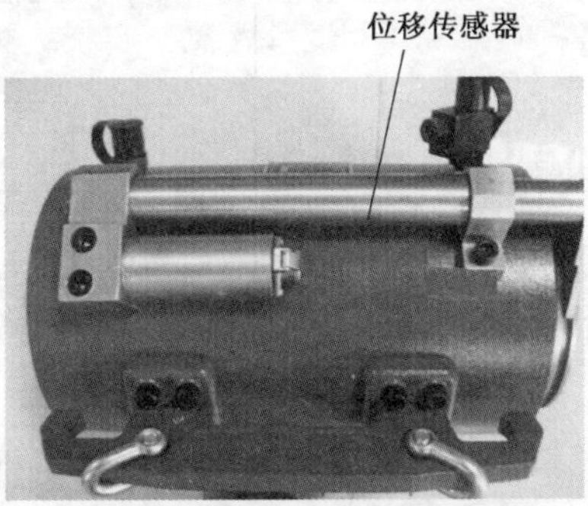

图 3-7　位移传感器

位移传感器精度可达 0.1mm,张拉过程中位移传感器输出的电流信号转换成数字信号在计算机上实时显示,程序自动进行伸长量校核。当伸长量相对误差超过规范要求的范围内时,系统给出警示信息。

在预应力张拉时,控制系统实时采集压力传感器和位移传感器的数据,并将采集到的压力值与设置的目标压力值进行对比,分析压力相对误差,同时将采集到的位移数据转化成实测伸长量并与预应力筋的理论伸长量进行对比,计算伸长量相对误差。当压力值未达到目标值,同时钢绞线伸长量与理论伸长量相对误差不超过 6% 时,继续进行张拉;当压力值超过目标值 1%,或者钢绞线伸长量与理论伸长量相对误差超过 ±6% 时,即暂停张拉,如果张拉力未达到目标值则进行相应的处理后继续张拉。从而真正实现了桥梁预应力张拉的双控。

3.5.3 张拉同步精确控制

传统张拉时由于人为因素使预应力筋两端油泵阀门的开度很难做到一样，导致两张拉端进油速度大小不一致，为此智能张拉系统中引入变频技术、步进电动机和换向阀实现同步张拉，即通过变频技术来改变电流的频率，从而改变步进电动机的转速使各油泵的进油速度相同，同时引入换向阀解决回油时的换向问题。换向阀的主要作用是实现"回油不回缸"的功能，即先把压力卸掉，然后再进行回缸。

以上各部件通过张拉控制程序采用位移同步控制，能够实现《公路桥涵施工技术规范》(JTG/T F50—2011)中对各顶张拉力同步精度 ±2% 的要求。预应力智能张拉的同步控制流程如图 3-8 所示。

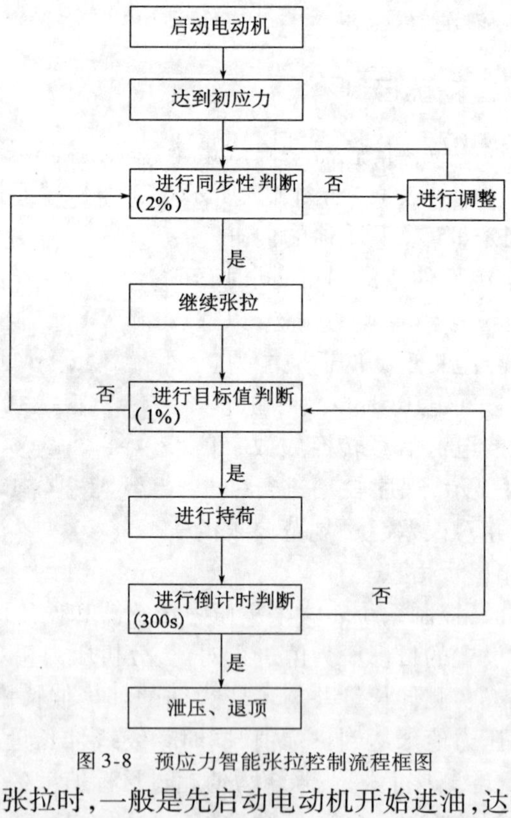

图 3-8 预应力智能张拉控制流程框图

进行预应力筋张拉时，一般是先启动电动机开始进油，达到初应力之后进行短暂停顿，停顿之后便继续张拉，并进行同步性判别，如果各顶张拉力同步精度在同步控制程序设定的范围内则继续张拉,否则应进行适当调整后才能继续张拉。在张拉过程中随时进行目标值判定,达到目标值则进行持荷,反之,继续张拉。在持荷阶段,应继续进行目标值判定,若低于目标值则进行补压,反之继续持压、持荷至规定时间后结束,持荷完成后进行退顶。

3.5.4　自动化控制技术及参数修正

智能张拉系统通过安装在千斤顶上的压力传感器、位移传感器采集压力值和伸长量数据传输至中央控制器,中央控制器根据采集的数据自动判断其两端千斤顶的同步性及力与伸长量的线性度以自适应调整各个张拉仪的进油同步性,实现施力过程的平稳与精确,同时通过变频控制进油速率实现持荷过程的精细补压,其智能张拉控制程序如图3-9所示。

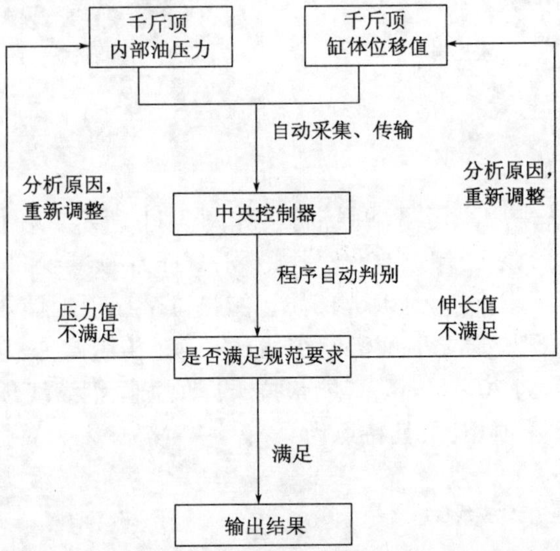

图3-9　智能张拉系统程序框图

3.5.5　智能化张拉系统部件设计及其功能

该系统硬件主要由预应力智能张拉仪、智能千斤顶、高压油管等组成,在预应力混凝土梁体上进行张拉时的基本结构图如图3-10所示。

1. 预应力智能张拉仪

智能张拉仪为超高压动力输出装置,其作用主要是为梁体的张拉装置(千斤顶)提供可靠、稳定的提升动力,具有提升、保压、回程等功能,如图 3-10b)所示。

智能张拉仪内设置有可编程逻辑控制器以及无线通信模块,能精准的实现程序发出的命令,通过通信接口确保数据通信的可靠交互,如图 3-10a)所示。

a)主控侧　　b)设备侧

图 3-10　智能张拉仪

2. 智能千斤顶

智能张拉系统采用高压自增强油缸,如图 3-11 所示。在保证千斤顶行程、油压不变的前提下,该千斤顶自重比常规穿心式千斤顶减少 30% ~45%,由此使千斤顶自重与出力的比值达到 0.6∶1,使智能张拉千斤顶工作效率更高。同时千斤顶长度和外径减小,能减小预留钢绞线的长度(传统穿心式千斤顶张拉时钢绞线预留工作长度为 70 ~80cm,智能张拉千斤顶张拉钢绞线预留工作长度可为 60cm)。与传统千斤顶相比,其特点为:

图 3-11　智能千斤顶

(1)附带电子位移传感器。用于千斤顶内缸伸长量的测试,测量精度能达到 0.1mm,具有精度高、误差小、量程大、移动平顺。

(2)内置高精度压力传感器。通过直接测量千斤顶内油压力的变化精准测量千斤顶输出的力值,测量精度能达到0.1kN,从而避免传统的压力表测量千斤顶输出力不准确的状况。

(3)数据线接口。通过信号线与主机连接,主机采集的信号经转换后显示在计算机上。

3. 高压油管

油管包括进油管、回油管,构成千斤顶提升、回程的油路。

4. 控制系统

计算机内张拉控制软件通过433MHz通信与智能张拉仪连接,实现预应力筋张拉过程的全程自动化操作。

3.6　智能化张拉关键技术及原理

3.6.1　液压及传感技术原理

油箱中的液压油经过油泵加压输送到电磁阀,再通过精确计算来控制换向阀和溢流阀的动作及动作时间,来控制千斤顶大腔的液压油流量。由千斤顶压力传感器和位移传感器检测其内部油压产生压力和位移信号反馈给控制回路,通过油泵的变频控制器对千斤顶输出力值精确控制。进油完成并达到设计力值时,控制系统根据设计控制张拉力值再进行精确的保压与补压,待保压完成后换向阀工作,接着控制压力阀和降压器进行降压与回油,完成整个张拉过程。相比传统张拉控制系统对施工力的加载过程而言,具有压力控制稳定且误差小、持荷阶段保压稳定性高、回程控制精确的特点。

智能张拉系统油路如图3-12所示。

液压系统工作顺序如下:

(1)启动。启动电动机,油泵开始工作。低压油路(指油泵至油箱之间的油路,此油路压力非常低)中,电磁阀线圈不得电,液压油通过电磁阀流回油箱;高压油路中,球阀打开,液压油通过回油孔流回油箱,此时千斤顶不工作。

(2)升压。高压油路(指油泵至顶的油缸内的油路,此油路压力可达50~60MPa)中,电磁阀锁死,变频控制器得到信号,油泵开始工作,控制球阀动作,回油量减少,液压油进入千斤顶高压油腔,由于千斤顶外载负荷的作用,油路压力逐渐增大，球阀继续前进，液压油不断进入千斤顶高压油腔，直至油压力达到设定压力值。

(3)稳压。油压力达到设定值后，球阀松开，液压油回油箱，稳压持荷，如果稳压过程中压力下降，控制球阀动作进行补偿。

(4)泄压。高压油路中，电磁阀打开，液压油通过回油孔流回油箱。

(5)退顶。低压油路中，电磁阀得电，液压油不能通过电磁阀流回油箱，而进入千斤顶低压油缸，千斤顶开始回缩，直至千斤顶退回到初始位置后，电磁阀断电，液压油通过电磁阀流回油箱。

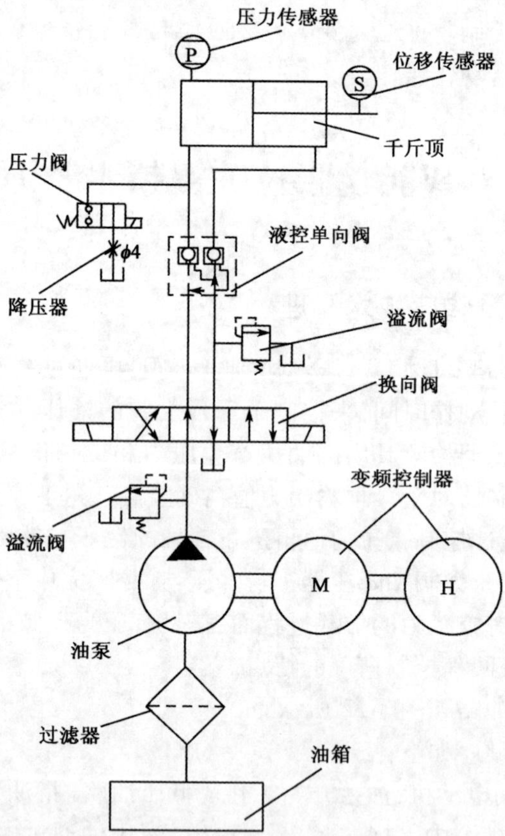

图 3-12　张拉系统油路图

3.6.2　数控及通信技术基本原理

智能张拉系统是利用智能千斤顶上传感器采用信号，并利用 A/D 转换后发送给 PLC 主控中心，同时在电路中加入变频电机以控制进油速率，其控制结构图如图 3-13 所示。

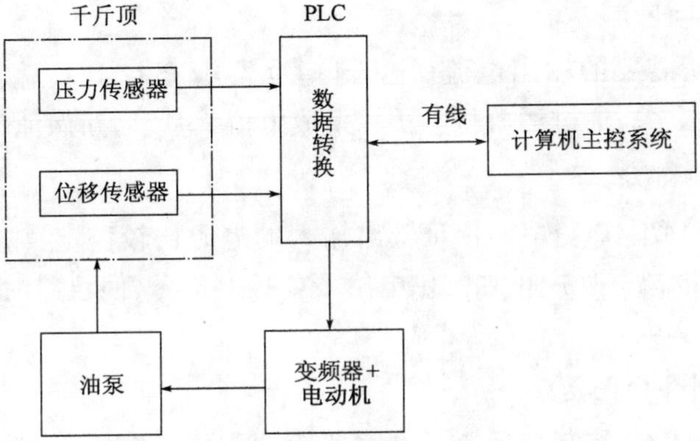

图 3-13　智能张拉系统控制结构图

3.6.3　控制内部详解

仪器内部分为五部分，即通信部分、恒流恒压部分、数据采集部分、电源控制和 I/O 控制部分。

1. 通信部分

通信部分使用无线 AP 技术，可使用接入点、点对点网桥、点对多点网桥等多种操作模式，与 TCP/IP 串口协议转换器将 TCP 网络数据或 UDP 数据包与 RS232 接口传输，搭载 ARM 处理器，串口通信波特率最高可达 230. 4kbps。TCP/IP 转换器与 PLC 连接实现通信。由计算机—AP—协议转换器—PLC 组成的通信部分，如图 3-14 所示。

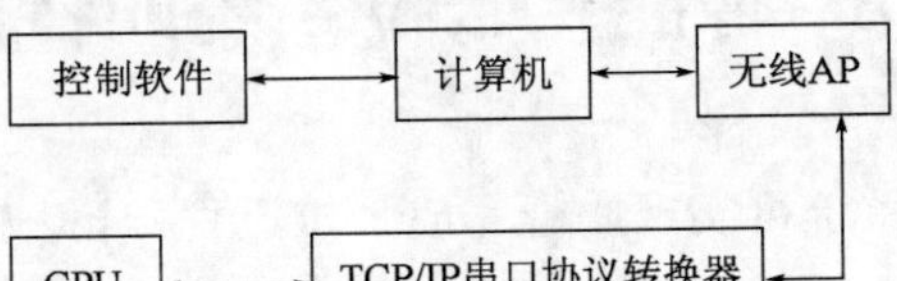

图 3-14　通信结构图

2. 数据采集部分

数据采集仪为差分输入放大器，抗干扰能力强。放大器内通过 3 阶 36dB 低通滤波器可将噪声和干扰降到最低点，及通过减法器扣除 4mA 的零点电流，由此保证采集信号的稳定性。采集的模拟信号经电子开关将信号传入 AD(模数转换芯片),AD将模拟信号转换成数字信号传给PLC。由PLC将测量值通过通信模块发送给计算机。

3.恒流恒压部分

计算机将所需要的输出电流(电压)指令发给PLC,PLC输出数字信号给DA(数模转换芯片),通过运放将电压转换成电流,组成回路保证电流恒定。

4.电源控制部分

使用集成的DC/DC模块,保证输出输入的电源比较稳定,输入与输出之间保证1000VDC隔离。使用单独的供电给I/O控制部分,使仪器内部与控制部分隔离,不受外围影响。

5.I/O控制部分

计算机输出I/O控制信号通过继电器驱动集成运算输出500mA的控制电流通过光耦隔离驱动继电器,实现I/O控制部分与内部元器件隔离。

3.6.4 稳定通信的实现过程

为了保证智能张拉过程的顺利进行,稳定的通信在预应力智能张拉系统中非常重要。智能张拉系统中张拉千斤顶与主机通过有线连接通信,主机与电脑、主机与从机之间为无线连接通信。为了保证无线传输的有效性,无线连接通信可采用433MHz无线通信。

可靠的无线通信也可实现远程监控系统对张拉现场情况、张拉数据进行实时掌控,方便建设单位、监理单位、检测单位对张拉现场的实时监督。

3.7 智能化张拉系统的特点

预应力智能张拉系统可实现一键完成张拉过程,避免人为操作,其具有以下技术特点:

1.精确施加力值

智能张拉系统力值施加精度可达±1.0%,优于《公路桥涵施工技术规范》(JTG/T F50—2011)中“预应力控制应力精度宜为±1.5%”的要求。

2.高精度同步性

智能张拉系统两顶、四顶施力同步性精度可达±2.0%,满足《公路桥涵施工技术规范》(JTG/T F50—2011)中“各千斤顶之间同步张拉力允许误差为±2.0%”的要求。

3. 张拉过程位移与张拉力值双控

智能张拉系统用于预应力施加,其以张拉力值为控制标准,实时计算和校核伸长量偏差以保证伸长量误差在±6.0%以内。

智能张拉系统还可用于结构物顶升,顶升时以位移值为控制标准,及时校核力值的符合性。

由于张拉或顶升过程中实现了力值与位移的实时同步校核,保证了施力过程的事中控制,避免了难以纠正的事后质量问题。

4. 规范张拉过程

智能张拉系统根据施力工艺不同设置施力控制程序,控制程序不受人为因素的干扰,施力过程停顿点、施力速率、持荷时间、目标力值精度等严格按规定要求执行。杜绝了追求施工速度、违背工艺要求等安全隐患。

5. 灵活的现场组网模式

可根据现场不同的要求采用不同的无线组网方式,其适用范围更为广泛。广泛用于预应力张拉施工,结构物顶升、顶推施工。

6. 数据真实保存

智能张拉系统实时保存张拉过程数据,可事后真实再现整个张拉过程,为事后质量追溯提供了可靠依据。

3.8 智能化张拉系统运行过程

根据以上智能张拉系统设计理念和组成,某智能张拉系统具体组成如图3-15、图3-16所示。

3.8.1 张拉前的施工准备

预应力筋的张拉施工是预应力混凝土及认购施工的关键工序,张拉施工的质量直接影响到结构安全、人身安全。张拉施工前应精心组织、策划。做好各项施工准备工作,以保证张拉施工顺利进行。后张预应力混凝土结构张拉施工前应做好以下准备工作:

图 3-15　智能张拉系统

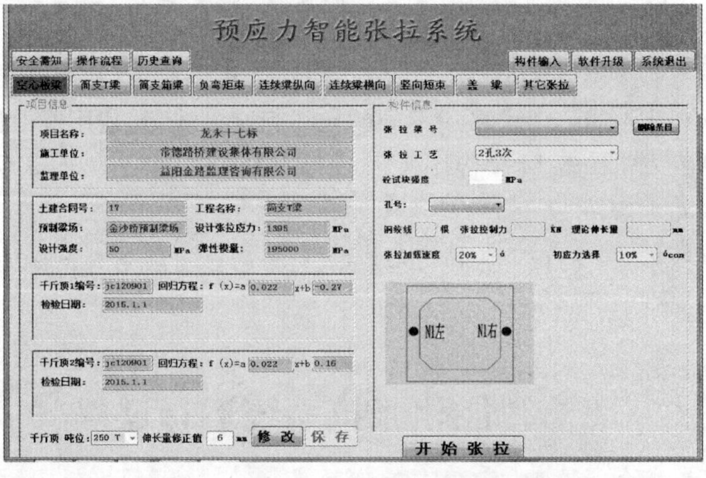

图 3-16　软件控制界面

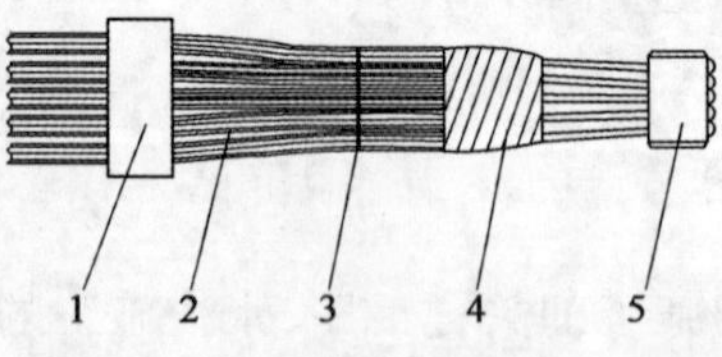

图 3-17　预应力筋梳编穿束
1-梳束板(或锚具);2-钢绞线;3-扎丝;4-绑扎胶带;5-牵引螺塞

(1)材料准备。为了使钢绞线均匀受力,应当采用梳编穿束工艺,如图 3-17 所示。

(2)设备及配套工具的准备。锚具、千斤顶、高压油泵和油压表等设备。

(3)结构构件的准备。混凝土构件外观、质量应符合质量标准,混凝土强度满足一定的设计规定。

(4)施工操作条件的准备。

(5)张拉施工技术准备。

(6)施工安全及技术交接。

(7)布置张拉控制站。控制站选择在确定待张拉梁板侧面,要求不影响现场施工、控制站能安全工作、无阳光直射,在张拉过程中无需移动就能方便看到梁板的两端,能连接到220V电源以保证计算机在张拉过程中不掉电,取消计算机的屏幕保护,自动关闭硬盘等功能,安装好控制软件。将张拉仪主机和专用千斤顶布置于张拉端,并使之能与控制站保持直线可视状态。

3.8.2　千斤顶选择及安装

(1)张拉千斤顶张拉吨位宜为张拉力的1.5倍,且不得小于1.2倍。标定应在国家授权的法定计量技术机构定期进行。

(2)安装好限位板以后,起吊专用智能千斤顶。起吊之后,安装好工具锚,工具夹片,如图3-18所示。

图3-18　千斤顶安装图

(3)连接好油管。仔细检查油嘴及接头是否有杂质,必须将其擦拭干净,确保进油管与回油管不被混淆,如图3-19所示。回油管在千斤顶的安装位置为张拉时千斤顶远离梁板的一段,即千斤顶安装了黑色安全阀的一端;油管连接处必须使用铜垫片以防止漏油。油管的保护弹簧应当靠近油嘴处以延长油管使用寿命。

a)带有杂质的油嘴

b)擦拭干净的油嘴

图3-19 带有杂质的油嘴和擦拭干净的油嘴

3.8.3 天线、数据线安装

安装好仪器天线以保证主机与电脑直接通信正常，仪器天线安装示意图3-20。

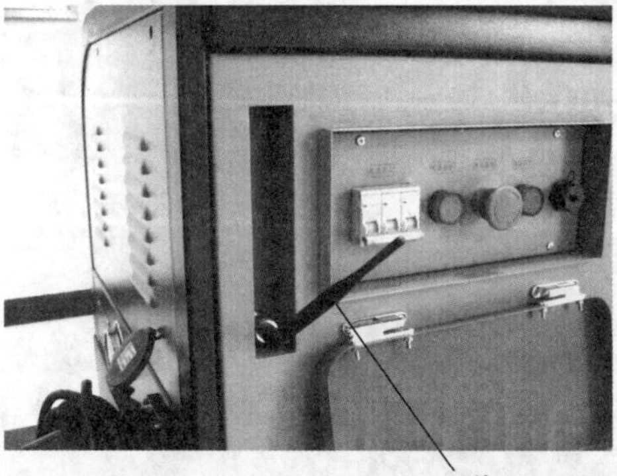

图3-20 仪器天线安装示意图

3.8.4 检查

具体操作人员应对以上部件进行认真检查，只有确认无误后才能进行下一步操作。

3.8.5 预应力筋的张拉顺序

预应力筋的张拉顺序应遵循同步、对称张拉的原则，并且尽量减少张拉设备的移动次数,确保构件不产生附加内力和变形,保证构件受力均匀、同步且偏心荷载小。

3.8.6　智能张拉系统的操作

操作人员对张拉系统所有项目进行检查,并确认无误后才能进行张拉操作。操作人员应根据设备使用说明书进行操作,输入预应力筋的设计参数并试张拉以确认设备是否正常。

张拉过程中操作人员应密切关注计算机上显示的压力值和位移值是否正常,如有异常应停止作业,排除异常情况后,方可继续张拉。

某智能张拉系统预应力筋张拉过程中两端千斤顶的张拉控制应力和伸长值实施同步控制过程见图 3-21。

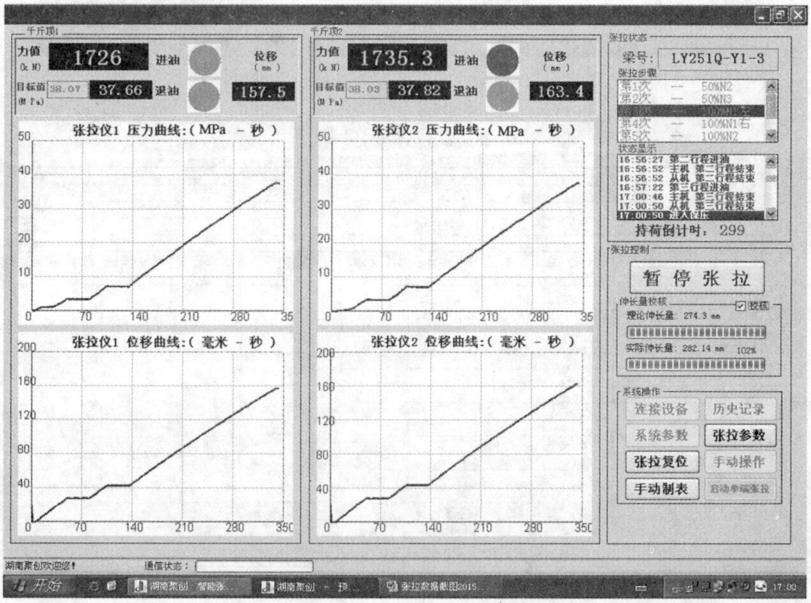

图 3-21　张拉过程中

通过比较图 3-21 中张拉过程中两端千斤顶的施加拉力和伸长值,可以判别张拉过程是否满足规范要求。

张拉完成后的控制界面见图 3-22。

张拉完成后自动形成报表,见图 3-23。

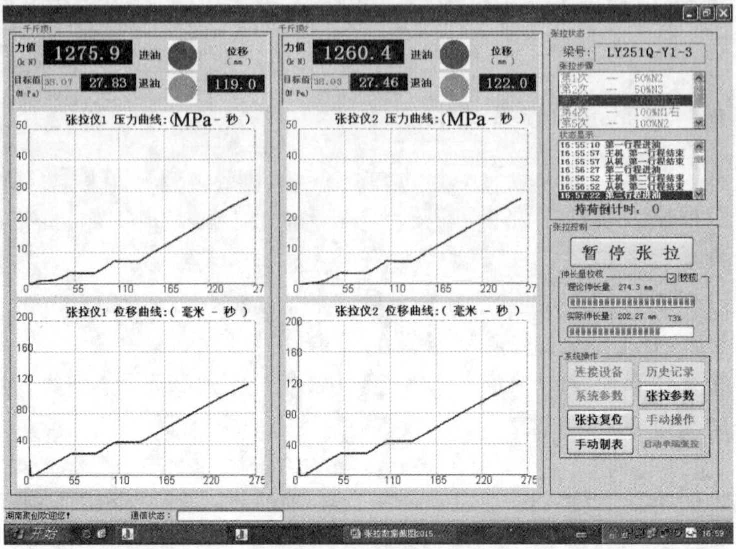

图 3-22　张拉完成后控制界面

预应力张拉记录表

施工单位：xxxx有限公司					监理单位：xxxx交通工程咨询监理公司				土建合同号：25		编号：	
工程名称		简支T梁				预制梁场	预制梁场				张拉顺序示意图	
构件编号		YL251Q				张拉时间	2015年6月27日				N1 N2 N3	
混凝土设计强度		50MPa	混凝土试块强度	55.2MPa		弹性模量	195000MPa		控制张拉力	1395MPa		
张拉仪1编号		1				标定日期	2015.9.9					
张拉仪2编号		2				标定日期	2015.9.9				50%N2→100%N3→100%N2→100%N1	
钢束编号	张拉断面	记录项目	初始行程 10%	第一行程 20%	第二行程 50%	第三行程 50%	第四行程 100%	设计张拉控制力(kN)	总伸长量(mm)	理论伸长量(mm)	延伸量误差(%)	断丝及处理情况
N_2	张拉仪1	张拉力(kN)	3.56	7.29	18.64	18.29	37.54	1745.10	207.86	198.26	4.00	
		伸长量(mm)	12.53	23.96	52.38	12.84	66.27					
	张拉仪2	张拉力(kN)	3.21	6.92	18.64	18.15	37.74	1745.10				
		伸长量(mm)	12.71	24.52	62.87	15.18	73.52					
N_3	张拉仪1	张拉力(kN)	3.57	7.61			37.75	1745.10	205.68	202.75	1.00	
		伸长量(mm)	11.90	23.49			111.21					
	张拉仪2	张拉力(kN)	3.30	7.54			37.67	1745.10				
		伸长量(mm)	9.88	20.58			111.12					
N_1	张拉仪1	张拉力(kN)	3.19	6.45			33.46	1551.20	207.88	205.92	0.00	
		伸长量(mm)	15.45	27.76			121.07					
	张拉仪2	张拉力(kN)	2.89	6.19			33.28	1551.20				
		伸长量(mm)	11.48	21.10			108.97					
备注												
自检意见：						监理意见：						
质检人员：				年　月　日		监理员或专业监理工程师：					年　月　日	

图 3-23　自动生成的张拉数据报表

3.9　智能化张拉系统案例分析

3.9.1　试验简介

为了验证智能张拉系统的有效性和可靠性，对不同试验梁进行了对比张拉试验。

1. 实验室对比张拉

对试验梁进行了100次对比张拉试验，其中采用传统张拉方式为50次，智能张拉系统张拉为50次。梁内设置一束7根钢绞线，张拉控制应力为1395MPa。实验室对比张拉试验示意图见图3-24。

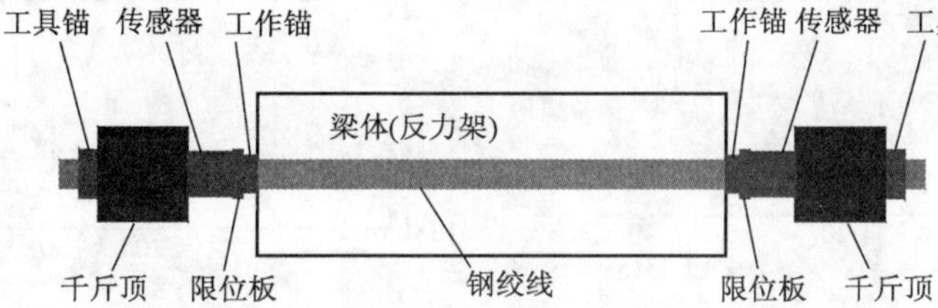

图3-24　张拉试验示意图

2. 现场对比张拉

工地现场试验共张拉了22片T形梁，每片T形梁根据实际张拉顺序进行张拉，其中采用智能张拉系统张拉12片T形梁，传统方式张拉10片T形梁。张拉梁照片如图3-25所示。

图3-25　智能张拉现场照片

3.9.2　试验结果分析

1. 张拉力精度对比

实验室张拉结果对比如图3-26、图3-27所示，相应的张拉力精度分析见

表3-1、表3-2。张拉力精度以规范要求的1.5%为标准进行统计，在1.5%以外的即是不能满足规范要求的。

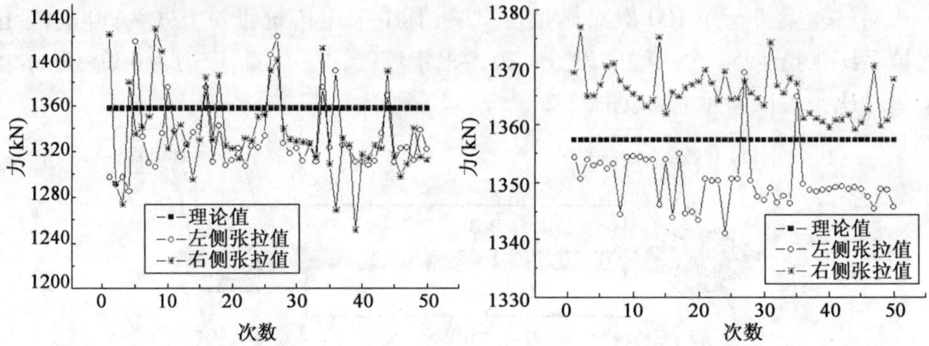

a)传统张拉　　b)智能张拉

图3-26　实验室对比张拉实测值与理论值比较

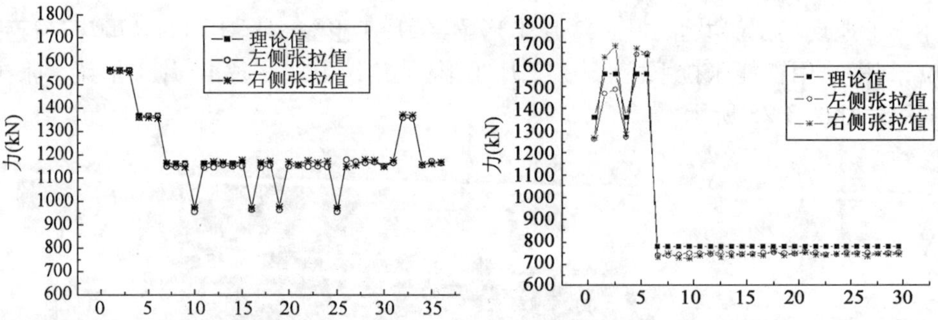

a)传统张拉　　b)智能张拉

图3-27　工地现场对比张拉实测值与理论值比较

实验室试验张拉力精度对比分析　　表3-1

张拉方式	数据总量(个)	误差1.5%以内数据(个)	误差1.5%以外数据(个)	张拉力误差均值(%)	张拉力误差均方差(%)
传统张拉	100	15	85	3.11	1.3
智能张拉	100	100	0	0.54	0.37

工地现场实体试验张拉力精度对比分析　　表3-2

张拉方式	数据总量(个)	误差1.5%以内数据个数(占百分比)	误差1.5%以外数据个数(占百分比)	张拉力误差均值(%)	张拉力误差均方差(%)
传统张拉	60	2(3.3%)	58(96.70%)	4.68	1.32
智能张拉	72	72(100%)	0	0.70	0.42

从表3-1、表3-2中可知，智能张拉系统与传统张拉设备相比，在保证张拉力精度及张拉工艺稳定性上具有明显的优势。智能张拉方式张拉力与实测力值相对误差均值在1%以内，而传统张拉方式的张拉力相对误差均值分别为3.11%（实验室试验）和4.68%（工程实体试验），这也表明传统张拉受外界因素影响较大。

2. 伸长量测量试验

由于传统张拉设备一般采用钢尺测量，其误差较大。对比智能张拉的12片预应力混凝土T梁，其每一行程两端的伸长量记录值与游标卡尺测量结果进行对比，比较结果见表3-3。

伸长量测量准确度对比分析　　表3-3

数据总数(组)	最大偏差(mm)	最小偏差(mm)	平均值(mm)	均方差(mm)
264	1.5	0.0	0.48	0.39

由表3-3可知，两者的误差平均值仅为0.48mm，均方差仅为0.39mm，此表明采用智能张拉系统位移传感器进行伸长量测量具有足够的精度。

3. 两端张拉同步精度试验

试验分别以智能张拉方式与传统张拉方式各张拉10片梁板，对每片梁板每一行程的左右两侧的张拉力与伸长量进行了比较分析，试验数据分析结果见表3-4、表3-5。

智能张拉与传统张拉同步精度对比分析（张拉力）　　表3-4

张拉方式	数据总量（个）	偏差在2%以内的数据个数（占百分比）	偏差在2%以外的数据个数（占百分比）	同步精度误差平均值（%）	同步精度误差均方差（%）
传统张拉	140	7（5%）	133（95%）	14.62	13.89
智能张拉	360	322（89.4%）	38（10.6%）	1.49	0.82

智能张拉与传统张拉同步精度对比分析（伸长量）　　表3-5

张拉方式	数据总量（个）	偏差在5mm以内的数据个数（占百分比）	偏差在5mm以外的数据个数（占百分比）	同步精度误差平均值（mm）	同步精度误差均方差（mm）
传统张拉	140	22（15.7%）	118（84.4%）	9.35	14.4
智能张拉	360	296（82.2%）	64（17.8%）	2.97	2.04

由表3-4可知，对两端张拉力值进行比较，智能张拉的张拉力同步误差平均

值为1.49%、均方差为0.82%,而传统张拉的同步精度误差均值为14.62%、均方差为13.89%,表明传统张拉设备的张拉力同步精度远不及智能张拉系统,不能达到规范的要求(规范要求宜为±2%)。

由表3-5可知,智能张拉系统张拉的钢束同一行程两端伸长量的差值平均值仅为2.97mm、均方差为2.04mm,而传统张拉方式此两项值分别为9.35mm、14.4mm。从两端伸长量的对比中也可以看出智能张拉系统的张拉力的同步精度远高于传统张拉设备的张拉力同步精度。

3.9.3 试验结果分析应用效果

通过在实体工程的广泛应用,取得了如下效果:

1.提高了桥梁预应力张拉质量

(1)施加的预应力力值大小得到了精确控制,降低了由于预应力施加不足或超标引起的桥梁开裂、下挠、破坏等风险,有利于保证结构安全,提高耐久性,延长使用寿命,降低养护维修成本。

图3-28为通平高速伸长量统计图。

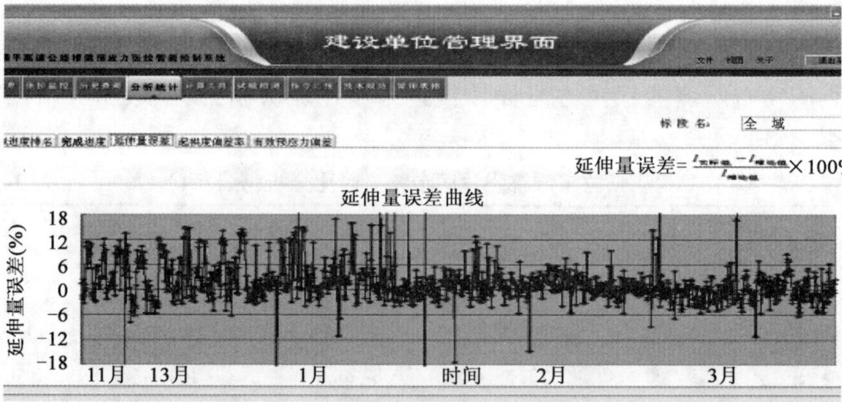

图3-28 通平高速伸长量统计图

由图3-28可以看出,延伸量超过±6%的情况客观存在,只是以前没有被发现,随着加强施工管理,施工质量得到了控制,趋势向好,到3月底时,延伸量误差基本控制在±6%(红线)范围内,说明应用智能张拉系统让张拉质量显著提升。

(2)实现对称同步张拉,保证施加应力均衡,消除了对称张拉受力不均衡对结构造成的扭曲等危害。

图3-29是同步张拉示意图。

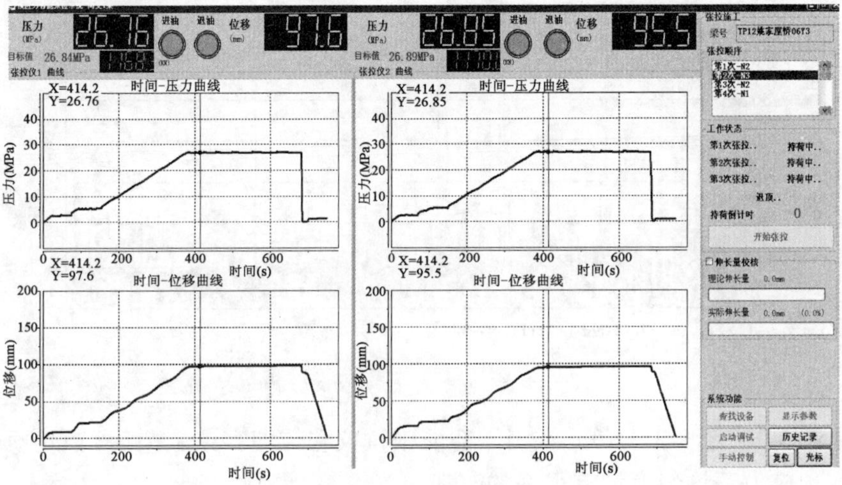

图3-29　同步张拉示意图

从图3-29可知：张拉过程再现，张拉加载速率、停顿点、加载力、伸长量、持荷时间等张拉要素真实记录，一览无余。从界面上可以看出，两端张拉力和伸长量都是同步的，钢绞线回缩、退顶工序平顺进行。

（3）通过规范张拉行为大幅度减小了张拉过程中预应力的损失，保证了有效预应力符合设计要求。

图3-30是梁板有效预应力检测偏差走势图，图3-31是梁板同束索力不均匀度走势图。

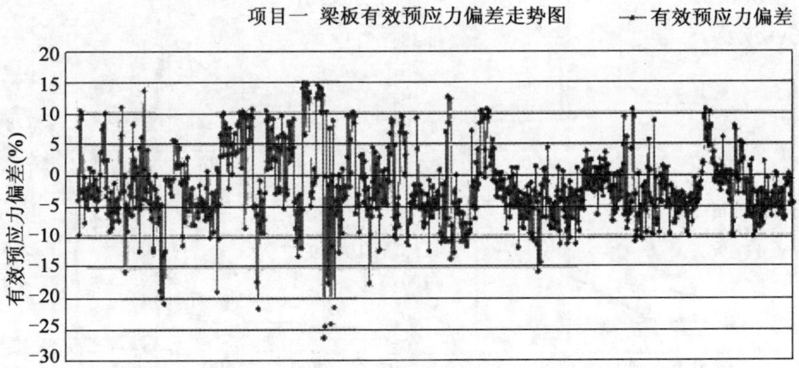

图3-30　有效预应力检测

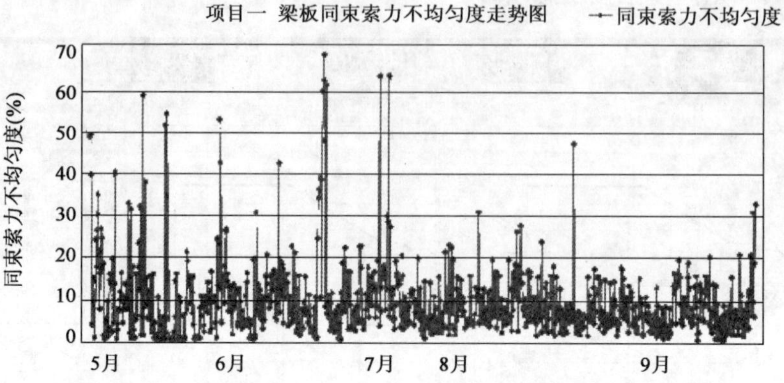

图 3-31 有效预应力不均匀度检测

由图 3-30、图 3-31 可知，在引用智能张拉仪和疏编穿束工艺后，有效预应力和有效预应力不均匀度均有很好的改观。

2. 及时发现了施工中各种质量问题，杜绝了张拉数据造假

经常发现的质量问题有：锚下混凝土开裂、下陷，滑丝、断丝，张拉控制应力错误、张拉顺序错误、穿束错误、孔道漏浆、偷工减料和弄虚作假等，并得到了及时排除，消除了结构质量隐患，如图 3-32 所示。

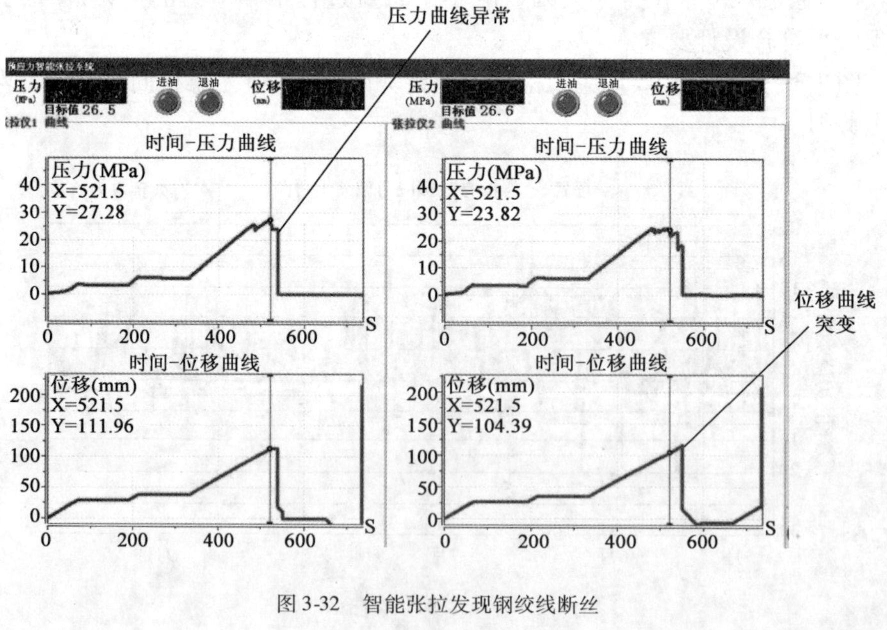

图 3-32 智能张拉发现钢绞线断丝

3. 保证预应力张拉技术指标达到规范要求

促进了标准化和精细化施工，提高了桥梁预应力施工工艺和技术水平。

《公路桥涵施工技术规范》(JTG/T F50—2011)对预应力张拉施工提出了很高的要求：

(1)规定“张拉力控制应力的精度宜为±1.5%”。

(2)规定“各千斤顶之间同步张拉力的允许误差为±2%”。

(3)锚固持荷时间由原来的2min延长到了5min。

传统的张拉方式将无法达到上述技术指标要求，而智能张拉系统能满足以上技术指标。

4. 结论

综上所述，预应力智能张拉系统工程应用表明该系统能满足桥梁施工技术规范要求，实现了其设计预期目标：

(1)通过采用现代传感技术、数字控制技术、液压技术和无线通信技术等，实时采集、分析每台张拉设备的压力数据和位移值数据，实时、同步控制油泵和千斤顶的每一个机械动作。

(2)张拉过程一键完成，自动记录、保存、上传数据，数据真实可靠。消除传统张拉中人为因素的影响。

(3)采用无线通信技术进行数字信号的传输，实现张拉施工过程技术信息及时无线传输，质量管理者可远程监控关键工序的施工质量，一有问题则可以及时发出指令，由先前施工质量的“事后补救”方式转变为“过程控制”，从而达到以达到人机互动实时、可靠的目的。

传统的预应力张拉方式，施工质量的好坏随着封锚的完成，被掩盖得严严实实。预应力智能化张拉技术的应用，改变了这一切。监督人员能在不去现场的情况下对张拉施工质量进行及时、高效地掌控。随着我们对数据的密切关注，对异常数据进行原因分析、现场调研，预应力施工质量管理水平产生了质的飞跃。

第4章 预应力筋孔道智能压浆技术

4.1 预应力筋孔道压浆技术的研究与发展

4.1.1 孔道压浆技术与检测

预应力后张法已广泛应用于我国预应力混凝土桥梁施工中,后张法预应力结构体系中,张拉预应力筋束后进行的孔道压浆是其施工中的关键工序之一。孔道压浆的主要作用是为预应力筋和周围混凝土之间提供可靠的黏结力,确保混凝土与预应力筋的协同工作以传递预应力及保护预应力筋免受腐蚀,因此良好的孔道压浆质量可提高后张法预应力结构的安全性和耐久性,延长结构的使用寿命。为了改善孔道压浆的质量和检测孔道压浆质量,提高后张法预应力混凝土桥梁的使用寿命和运营质量,国内外对后张法预应力孔道压浆技术及检测技术进行了大量研究,主要研究内容如下所述。

1.孔道压浆技术和工艺

通过改进孔道压浆的工艺和技术以提高孔道压浆质量是最有效的途径,这也是国内外学者研究较多的课题。目前我国后张预应力筋孔道主要采用普通正压压浆法和真空辅助压浆,尤以普通正压压浆居多。

2.孔道压浆质量检查技术

目前孔道压浆质量的无损检测方法主要为冲击回波法、探地雷达法、中子法、射线等。冲击回波法不受金属物的影响,避免了超声波测试中遇到的高信号衰减和过多杂波干扰问题,检测条件限制较为宽松,因此是目前应用最为广泛的检测孔道压浆质量的方法。冲击回波法是基于瞬时应力波的原理,其原理如图4-1所示。用小钢球敲击混凝土表面以产生短暂机械波冲击来发生低频应力波,传至结构内部,应力波遇到缺陷或者外表面时被反射回来。来自冲击面、缺陷及其他表面间的多重反射会产生瞬间共振,以此测定结构的完整性或缺陷的位置,记录下来的信号(时间—频率曲线)可以提供有关缺陷存在及其位置的进一步信息。利用冲击回波法对鉴定板式结构(主要是T形梁、工形梁腹板)中的孔道(单排或者单列)很有效,但对于检查复杂结构孔道压浆的有效性还有待进一步研究。冲击回波法检查系统组成如图4-2所示。

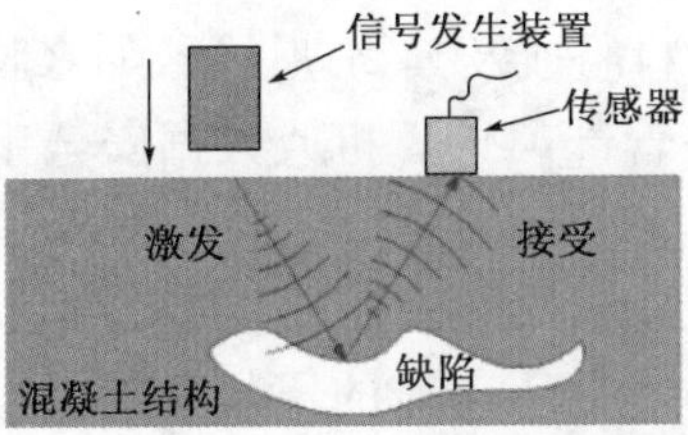

图4-1　冲击回波法原理

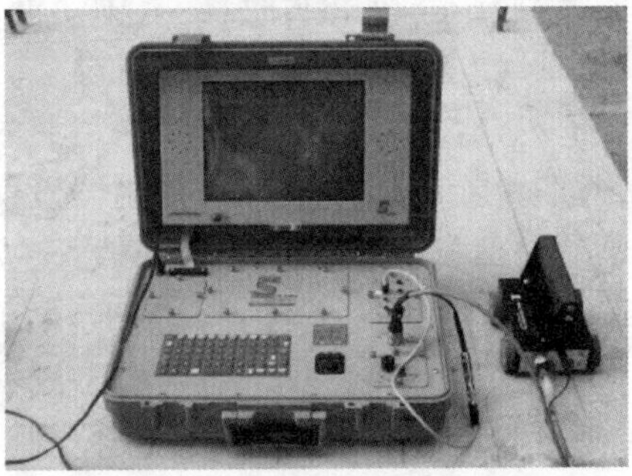

图4-2　冲击回波法检查系统组成

采用这种方法能检测出灌浆不密实处,但现场工作量大而且发现问题后很难补救。现行的补救方法就是对孔道灌浆不密实处进行补浆处理,补浆的主要材料有水泥浆和树脂浆。如果压水泥浆,由于水泥浆是悬浊液,压水泥浆不一定能通过孔道中的空隙,且过多的水分往往为预应力筋的锈蚀提供了条件;如果采用树脂浆,补浆的效果优于水泥浆,但造价会大大提高。

3. 孔道压浆材料

后张预应力孔道压浆材料最初采用纯水泥浆,由于纯水泥浆的流动性较差、收缩大导致孔道压浆容易出现压浆不饱满、密实度低、开裂以及水泥浆与预应力筋产生间隙等病害,由此降低压浆材料对预应力筋的保护作用,导致预应力筋易腐蚀,从而危害结构的安全性和降低其使用寿命。随着高效减水剂的广泛应用,通过在孔道压浆材料中加入高效减水剂能够显著提高其流动性能,并可通过加入不同的外加剂获得到如微膨胀性、抗泌水性、抗腐蚀等性能,由此提高压浆材料的工作性能和耐腐蚀性能。

4.1.2　孔道压浆技术研究现状

1985年Ynys-y-Gwas桥垮塌原因分析确认后,1992年英国政府发表紧急通知,规定在未解决后张预应力管道压浆质量之前,英国不得使用后张法预应力混凝土结构。直至Hirose和Yamaguchi发明了真空灌浆法才使后张法得以继续使用,该方法是通过不断抽取空气使管道内气压达到规定负压后对预应力管道进行压浆。

Rouanet 等认为要了解灌浆后管道的密实情况首先要研究浆液在管道内的流动情况,通过比较倾斜管道研究在重力作用下浆液如何达到流动充分。研究结果表明管道内不形成空洞取决于灌浆工艺正确与否,即管道的倾斜度与直径,浆液的流动性、黏度和水胶比,其中浆液的黏度必须大于一个最低值。

Narui 等发明了一种孔道压浆设备,通过比较注浆压力,水泥浆流量和温度等测量值与预设值,由控制器控制浆液的原材料组成及其物理性质,如水胶比和稠度,通信单元将测量数据从控制器发射到主管部门计算机或数据安全系统用于记录实时数据。

2006 年刘思谋获得了一项后张法预应力孔道压浆施工工艺的发明专利,即预应力管道一端安装连接钢管、控制阀、流量计、带压力表的压浆机及制浆搅拌机,另一端安装连接钢管、观察器、控制阀、气压表及抽气真空泵,所有管道接头均用密封胶加以密封,启动抽气真空泵,将孔道内的空气压力抽到 -2 ~ -3MPa 后打开阀门开始压浆。为防止孔道较长或有少量漏气,则真空泵一边不停抽气,另一端的压浆机不停压浆,确保水泥浆在管道内全断面推进,直至孔道完全被水泥浆混合物充满为止。

2007 年中国建筑第七工程局获得了一项竖向预应力孔道压浆施工方法及施工设备的专利:对于竖向预应力孔道,每根孔道按先重力流再低压最后高压的程序进行了二次压浆。该工艺的优点是不会出现压浆孔被堵的现象。

2009 年中交第一航务工程局有限公司发明了一种新的预应力箱梁管道压浆方法,其方法步骤为:在张拉结束后进行第一次封头,封头时钢绞线外露,在进浆口将进浆管与压浆泵相连,出浆口的出浆管与真空泵相连,张拉 24h 后检查有无滑丝断丝的现象,在锚头砂浆达到预定值后进行压浆,保压 3 ~ 5min 后,停止压浆,待压注的浆液达到初凝后,割掉多余钢绞线,完成注浆作业。

2009 年中国华西企业有限公司发明了一种建筑工程可控制孔道灌浆的方法,灌浆时从下层孔道灌至上层孔道,竖向孔道应自下而上进行。优点是可以控制灌浆量,不会使压入预应力孔道的水泥浆产生泌水、离析,凝固后不会出现孔隙,令浆体饱满、密实。

2010 年中铁四局集团第一工程有限公司公开了一种真空压浆施工设备及方法,包括用于预应力管道封堵的锚具头、封锚密封套,预应力管道出浆口的三向连通管等。真空压浆时,将封锚密封套安装在锚具头外,三向连通管接出浆口,从三向连通管进行抽真空作业,可保持压浆时处于保压状态。

武汉理工大学李鹏采用预应力管道压浆数值模型对管道灌浆的压力、流量、体积比等进行了初步的探索。

甘军等研发了一种可监测灌浆压力和流量的装置，但该装置不能监测浆液水胶比。

纵观国内外的孔道压浆技术研究成果，桥梁预应力管道压浆先后经历了传统正压压浆工艺和真空辅助压浆工艺，但是都未能解决桥梁预应力管道压浆中的所有问题。近年来提出的桥梁预应力管道压浆监测系统也只能监测灌浆的压力和流量，不能监测浆液水胶比，使实际压浆效果还不能达到预期的效果。

如何通过改进施工工艺，实现压浆过程水胶比、压力、流量准确控制以及完全排除管道内空气，保证桥梁预应力管道压浆质量有待进一步研究。国内近几年研发的预应力孔道智能压浆技术基本解决了以上问题，改进传统正压压浆工艺并实现对浆液质量和压浆过程的智能控制和远程监控，浆液在由预应力管道、制浆机、压浆泵组成的回路中持续循环以排净管道内空气和杂质，压浆过程中对浆液材料水胶比、灌浆压力和浆液流量等各个参数进行实时测控，并实时反馈给系统主机进行分析判断以确保压浆饱满和密实。

4.2　智能化压浆技术的设计理念

预应力管道智能压浆技术的核心思想是采用“循环压浆”的工艺，并对压浆过程中的水胶比、压力和流量进行“三参数”控制的压浆方法。智能压浆技术的设计理念为：

(1)浆液在由预应力管道、制浆机、压浆泵组成的回路内持续循环以排净管道内空气，并通过改变浆液流量进行冲孔，排出杂质，消除致压浆不密实的因素。

(2)通过监测浆液进出口的压力、流量与浆液水胶比等参数的变化，判别管道内浆液的饱满度和质量。

(3)通过无线传感技术，对循环压浆施工过程进行实时在线监测，并与控制中心进行实时信息交换，从而完成预应力管道压浆施工的全自动控制。

4.3　循环压浆工艺原理

由于浆液需要在由预应力管道、制浆机、压浆泵组成的回路内持续循环以排净管道内空气，因此循环压浆工艺为智能压浆技术中的核心工艺，循环的主要目的为：

(1)疏通管道。通过监测压浆时孔道两端压力差判断管道内是否畅通，有无堵塞、漏浆等现象，若管道不通则可进行冲孔，冲孔不能疏通的则不适于采用本系统压浆。

(2)排出空气。通过浆液持续循环以尽可能的带出管道内的空气(气塞或气室)，从而确保孔道内灌浆饱满。

4.3.1 循环压浆的实现方式

循环压浆工艺是将出浆口浆液导流至储浆桶，并与储浆桶内原有浆液一起重新搅拌，重新搅拌后的浆液经检测合格后再次压入进浆口，由此形成浆液的循环过程。为了形成浆液循环回路，可采用以下方式：

1. 偶数预应力孔道

循环压浆采用双孔压浆的工艺，即每次压注两孔，从位置较低管压入浆液，从位置较高管导流回浆液。进浆及返浆两端管路连接方式如图 4-3 所示。

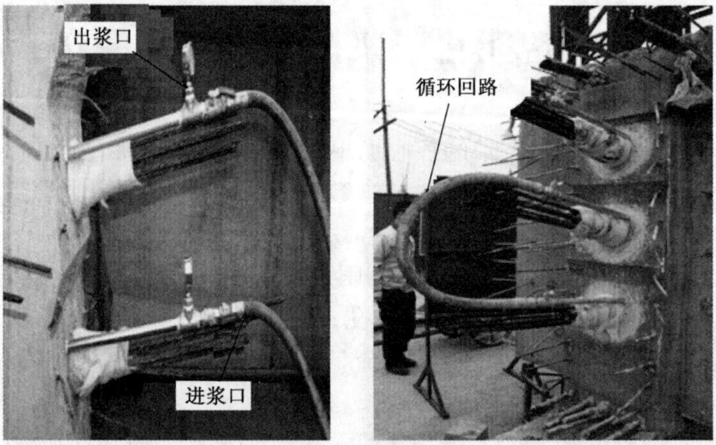

图 4-3　一次压注双孔(进浆端与返浆端连接方式)

2. 单一预应力孔道

采用胶管将出浆口浆液直接导流回储浆桶，这种方式会因为部分浆液存留导流管内而浪费，但这种单一预应力孔道的混凝土构件较少。

3. 3 孔以上奇数孔压浆

如某预应力混凝土梁根据预应力管道布置的自上而下分别编号为 N_1、N_2

和 N_3，首先按照双孔循环的模式压注 N_3 与 N_2 孔，在压注 N_1 孔时将 N_2 与 N_1 孔双孔串联一同压注，目前的高性能浆液要求 30min 流动度不小于 20s，60min 流动度不小于 25s，完全可满足压浆时间的要求。而 N_2 孔循环压浆 2 次，其密实度更有保证。其余 5、7 等奇数孔压浆均可以采用此方法进行循环压浆。

为了保证浆液的质量，浆液水胶比宜控制在 0.26～0.28，初始流动度不大于 17s，30min 后流动度不大于 20s，同时管道较长时适当延长循环时间，如 40m T 形梁循环时间可由原来的 5min 延长至 8min。

4.3.2　孔道气体排出原理

为了实现孔道压浆饱满，必须尽可能排净孔道内气体，因此对不同孔道形式进行不同方式的循环压浆工艺。根据预应力管道的布置类型将其分为正弯矩管道和负弯矩管道。这里定义的正弯矩管道为向下弯曲的预应力筋孔道，负弯矩管道为向上弯曲的预应力筋孔道。

1. 正弯矩管道的循环压浆模式

正弯矩管道进浆口设置在一侧锚垫板的底部，出浆口设置在另外一侧锚垫板的顶部，即出口高于进口。浆液在管道内流通及空气排出模式如图 4-4 所示。

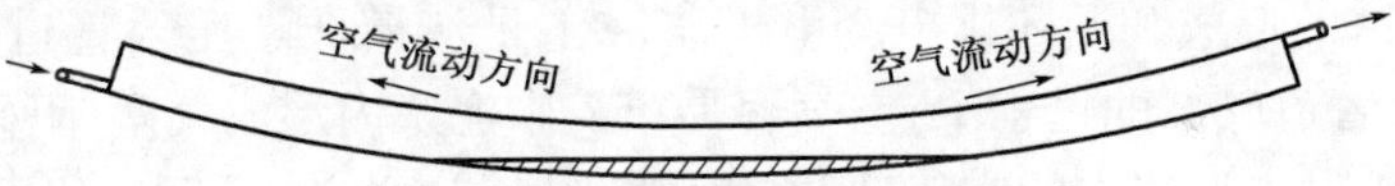

a)浆液从最低处往两侧流动

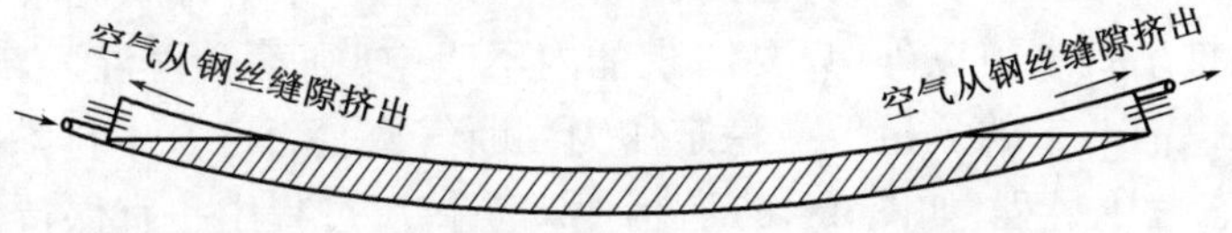

b)浆液面与进浆口齐平

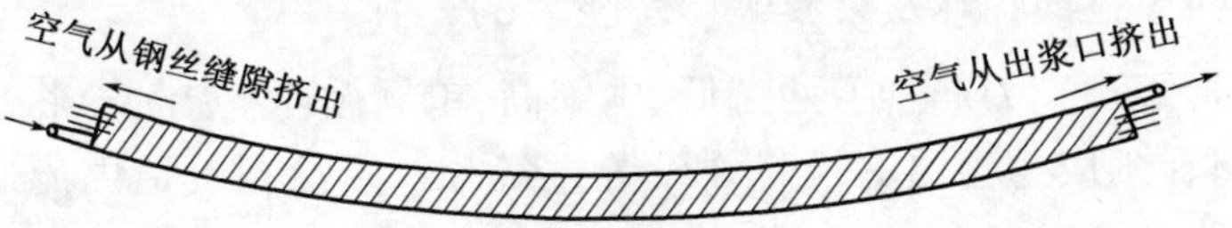

c)循环与动态持压过程

图 4-4　正弯矩管道循环排气模式

正弯矩管道循环压浆过程如下：

(1)浆液首先从进浆口进入，因预应力管道内径是进浆口内径的 2～5 倍，所以浆液在管道内不能全管道推进，浆液先流至管道的底部汇集(最低处)，如

图 4-4a)所示,然后从最低处往两侧流动,此过程中出浆口一侧的空气可通过出浆口排出,而进浆口一侧空气需要从钢绞线钢丝缝隙间排出(进浆口锚头不能完全密封,需留出钢丝缝隙排气)。

(2)当管道内浆液面达到与进浆口齐平时,如图 4-4b)所示,因出浆口比进浆口高,此时浆液还不能从出浆口流出,需继续泵送浆液在管道内增加压力,出浆口位置浆液充满,将此处的空气悉数排出,而进浆口位置的空气则通过钢丝间缝隙排出,如图 4-5 所示。

图 4-5　气泡排出

(3)气塞的形成和循环排出。由于浆液不是从最低点压入管道的,浆液在从进口流入管道底部的过程中,空气容易窜入水泥浆内形成气塞,阻碍水泥浆的流动,若不排出水泥浆内的空气,则在水泥凝结后就会产生气孔。为了排净空气采用循环压浆,即管道内浆液饱满后仍通过持续循环流动将水泥浆内可能存在的气塞悉数推出到管道以外,只要储浆桶内不吸空,则不会再混入新的空气,以在循环结束以前两端的流量保持稳定作为判断气塞是否已基本排除的判据。

(4)动态持压过程,如图 4-4c)所示。动态持压过程中一直保持管道内有压力使浆液在管道内流动,直至管道内空气完全排出。

2. 负弯矩管道的循环压浆模式(设排气孔)

由于负弯矩预应力筋管道两端低、中间高,单靠循环不能完全将顶部的空气排出,为此可在预应力管道的最高处设置排气孔。浆液在管道内流通及空气排出模式如图 4-6 所示。

设置排气孔的负弯矩预应力管道采用循环工艺压浆过程如下:

(1)浆液首先从进浆口压入,先从左侧最低处往最高处流动,如图 4-6a)所示,可使空气聚集在水泥浆的上方往出浆口侧流动,此时出浆口、排气口都处于开启状态,利于挤压空气的排出。

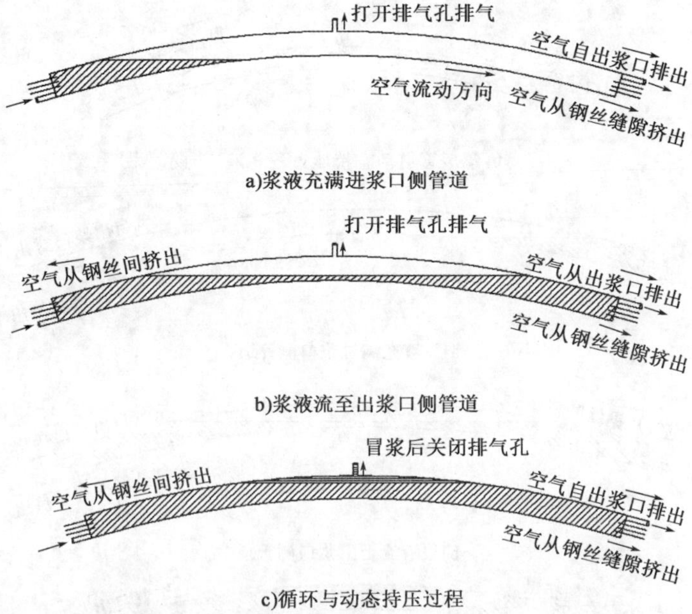

图4-6　设排气孔的负弯矩管道循环排气模式

(2)由于进浆口内径仅为管道内径的1/5～1/2,管道内浆液不能满管道推进,浆液在流经管道最高处底面时浆液将先流至管道出浆口侧,如图4-6b)所示,而后由出浆口侧再回流至管道最高处的底面位置。该过程完成以后,管道内除最高处外,其他位置均充满浆液。

(3)浆液循环过程:浆液在管道内持续循环,适当增大流量冲击,将大部分空气通过循环带出,但管道的最高处仍有空气存在不能完全排出,故需要进一步采取措施进行排气。

(4)动态持压过程:由于循环过程不能将管道内空气全部排出,在动态持压过程中,调整出口压力(出口处电动调压阀关小),出口流量随之减少,出口处部分浆液出现反向回流,如图4-7所示;管道内压力上升,浆液挤压空气从管道顶部排气孔排出,如图4-6c)所示,直至从排气孔冒出浓浆即说明管道内空气已悉数排尽。

3.负弯矩管道的循环压浆模式(不设排气孔)

实际施工过程中负弯矩孔道很少设置排气孔,这种孔道采用常规压浆很难完全将顶部的空气排出。在不设置排气孔时,采用循环压浆工艺可以实现孔道内空气基本完全排除。浆液在管道内流通及空气排出模式如图4-8所示。

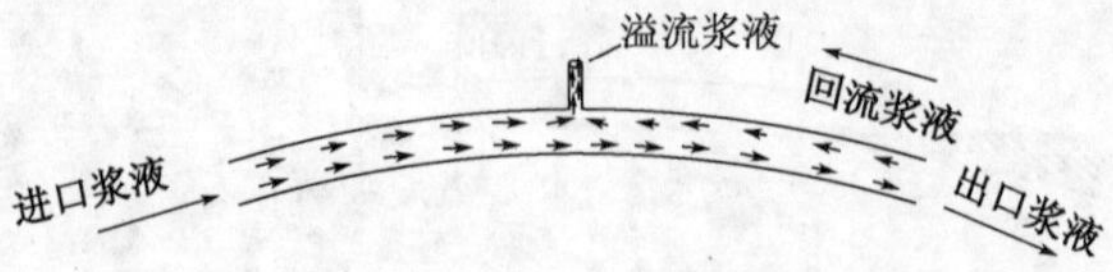

图4-7　负弯矩管道动态持压过程浆液流向示意图

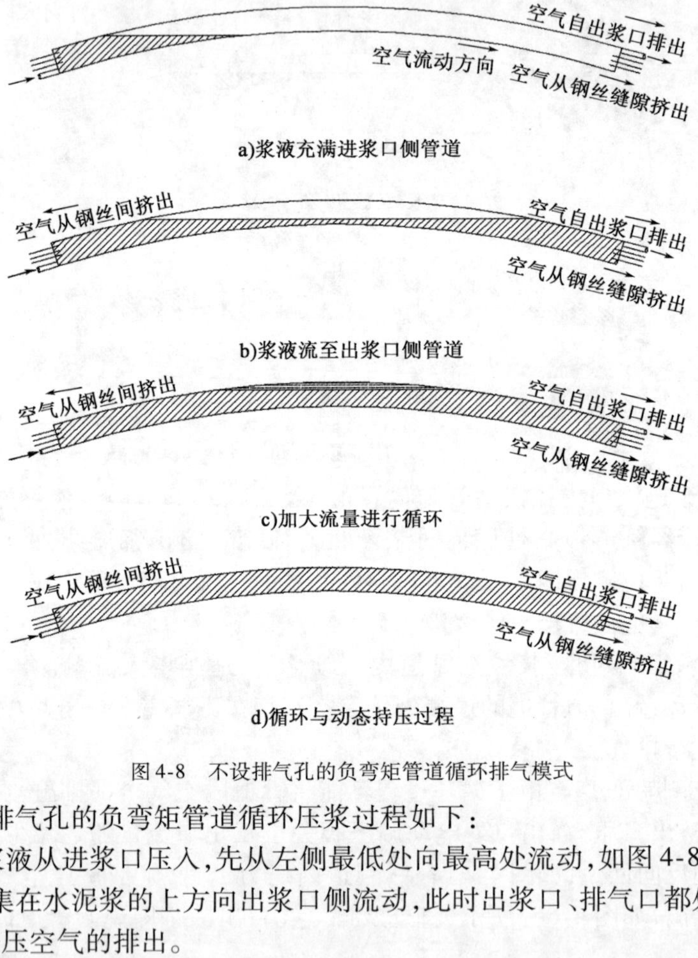

图4-8　不设排气孔的负弯矩管道循环排气模式

不设排气孔的负弯矩管道循环压浆过程如下：

(1)浆液从进浆口压入，先从左侧最低处向最高处流动，如图4-8a)所示，可使空气聚集在水泥浆的上方向出浆口侧流动，此时出浆口、排气口都处于开启状态，利于挤压空气的排出。

(2)由于进浆口内径仅为管道内径的1/5～1/2，管道内浆液不能满管道推进，浆液在流经管道最高处底面时浆液将先流至管道出浆口侧，如图4-8b)所示。而后由出浆口侧再回流至管道最高处的底面位置，该过程完成以后，管道内除最高处外，其他位置均充满浆液。

(3)浆液循环过程：浆液在管道内持续循环，适当增大流量冲击，将大部分空气通过循环带出，但管道的最高处仍有空气存在不能完全排出，故需要进一步采取措施进行排气。

（4）加大流量进行循环过程：为了带走管道顶部的残留空气，必须让管道内水泥浆液形成湍流状态。形成湍流后浆液残留空气之间发生交换作用，由此带走空气。根据《公路桥涵施工技术规范》（JTG/T F50—2011）中规定灌浆用的水泥净浆水胶比一般为0.26～0.28，黏度为9×10^{-2}Pa·s，流动度的经时损失较小（初始流动度为17s，30min时为20s）。因此可认为灌浆过程中浆液黏度保持不变。对于一般的预应力管道直径为70～110mm，压力泵的流量为45～50L/min，换算成常用的90mm的波纹管压浆时流速为2.0m/s（计算时已扣除波纹管中钢绞线约占50%的截面积），在此状态下的水泥浆雷诺系数为：

$$R_e=\frac{UD}{v}=\frac{2\times0.09}{\frac{0.09}{2140}}=4280$$

式中：U——水泥浆流速；

D——波纹管直径；

v——水泥浆运动黏度。

$$v=\frac{\mu}{\rho}$$

式中：μ——水泥浆黏度；

ρ——水泥浆密度，取2140kg/m^3。

在实际工程中，一般圆管的下临界雷诺数取值为2000，水泥浆在波纹管中流动时的雷诺系数$R_e=4280>2000$，可以判定其已处于湍流状态，这时的流体作不规则运动，有垂直于流管轴线方向的分速度产生，因此沿管道半径方向的分解后，部分流体呈径向运动，大部分流体呈法向运动，呈径向运动的流体进入残留空气区域后打破其稳定状态并包裹部分空气回落后由呈法向运动的流体带动向前运动直至出浆口排出。在保证进浆口不吸入空气时，持续该过程多次后将残留空气带出预应力管道。

加大流量后使水泥浆流动速度变快以形成充分湍流，其质点的速度可分解为沿管道半径方向的径向速度和沿管道前进方向的法向速度。径向速度可以将残余空气打散失稳，法向速度可以起运载作用，持续一定时间后即可排尽空气。

（5）动态持压过程：通过加大浆液流量基本排净管道内空气后，调整出口压力（出口处电动调压阀关小）进行动态持压过程，如图4-8d）所示，出口流量随之减少，在压力和流量稳定后，即可判断管道内完全充盈，进行持压至压浆完成。

4.4 智能化压浆法系统部件设计及其功能

根据智能压浆系统的设计理论和循环压浆工艺原理,预应力智能压浆系统由系统主机、测控系统、循环压浆系统组成。主要包括预应力自动压浆台车(含高速制浆机、低速储浆桶、螺杆泵、高压清洗装置、进浆压力测量仪、回浆压力测量仪、分流控制阀、控制系统与配电系统)、高压胶管、系统软件等,如图4-9所示。

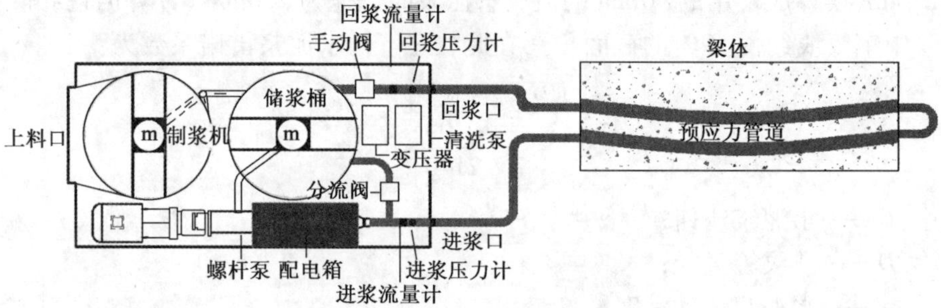

图4-9 预应力智能压浆系统

4.4.1 自动压浆台车

1. 高速制浆机

将水泥、外加剂和水进行高速搅拌,制作可用于压浆的水泥浆液。由于压浆材料中含有聚羧酸及聚羧酸盐等高分子材料减水剂,这些高分子材料需要高速搅拌才能将其分子链条打开起到减水的作用,因此高速搅拌机线速度要大于10~20m/s,转速要大于1000r/min,且高速搅拌时间要达到3~5min才能达到效果。

高速制浆机底部带有螺旋泵,可进行制浆自循环或将浆液抽取到低速储浆桶中去。

2. 低速储浆桶

高速制浆桶内浆液需导流至低速储浆桶内搅拌以保持浆液流动度和不因发热而改变性能。其主要作用是:

(1)已搅拌均匀的浆液如果再持续高速搅拌浆液就会发热而丧失原有的高流动性。

(2)浆液为固液两相体,如不保持持续低速搅拌,固体颗粒就会沉淀下来,因此低速搅拌桶内持续搅拌可防止浆液沉淀。低速储浆桶底部设有出浆口,将浆液过滤后送入螺杆泵料仓。

3. 螺杆泵

螺杆泵为动力输出装置,将低速储浆桶内的浆液加压输送至预应力管道内。

4. 高压清洗装置

高压清洗装置用于施工完成后对制浆机及储浆桶进行清洗。

5. 进浆口、回浆口压力测量仪

进浆口、回浆口压力测量仪分别用于检测进浆口、回浆口浆液的压力值。采用高精度压力传感器和电磁流量计,实现水胶比测试精度控制在 ±0.02 以内,压力控制精度在 ±2.0% 以内,流量测试精度控制在 ±2.0% 以内。

6. 分流控制阀

分流控制阀的作用是调压过程中分流浆液。由于压浆稳压过程中需要保证 0.5 ~0.7MPa 的压力持续 3 ~5min,若不设置分流控制阀,在调压过程中回浆口手动阀关闭会导致管道压力急剧上升。因此,通过设置分流控制阀,调节管道内流量,从而可以缓慢调整压力值,以满足规范要求。

7. 控制系统与配电系统

系统包含 PLC、人机交互装置触摸屏、变压器、变频器等配电及控制元器件。用于控制完成工艺过程。

4.4.2 高压胶管

高压胶管为浆体的流动管路。需要现场连接的管路有进浆管、返浆管、两孔对接管。

4.5 智能化压浆法系统的关键技术

4.5.1 “三参数”判别

预应力智能压浆系统采用循环压浆工艺,通过“三参数”判别孔道压浆质量。“三参数”为:

(1)水胶比。通过压浆前和压浆过程中对水胶比的实时监测以保证浆液符合技术规范要求。

(2)流量。通过监测流量判断循环排气的效果和累计浆液体积。

(3)压力。监测预应力筋孔道两端压力损失值判断管道是否堵塞,且动态持压过程中可以识别孔道内空气是否排净。

压浆过程对压力、流量、水胶比“三参数”进行有效控制,从而可以保证孔道压浆的密实性。

1. 水胶比判别

为了监测浆液质量是否满足规范和设计要求,压浆过程中对浆液水胶比进行实时监测,且从出浆口循环回来的浆液也需要经过水胶比测试仪后才能继续使用。为了实时监测浆液水胶比,设置了监测“小回路”,如图 4-10 所示,即低速桶内浆液通过管道输送至测试量筒内,量筒内浆液量为一定值,多余浆液直接流向低速桶。

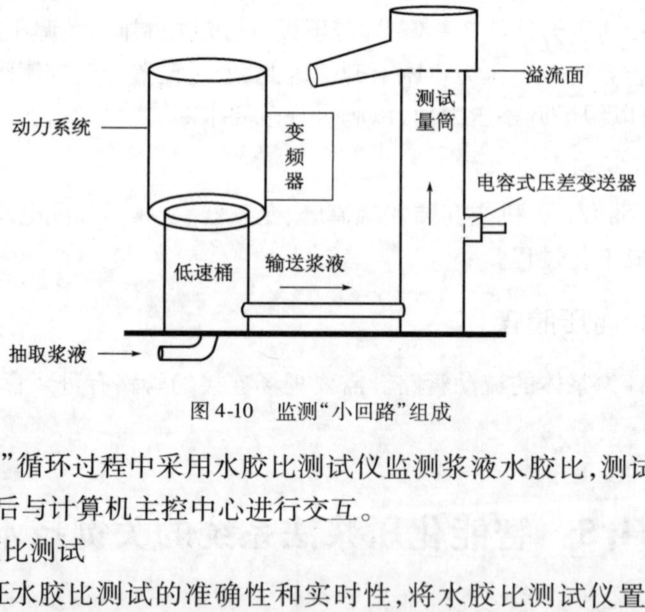

图 4-10 监测“小回路”组成

“小回路”循环过程中采用水胶比测试仪监测浆液水胶比,测试数据经单片机 A/D 转换后与计算机主控中心进行交互。

(1)水胶比测试

为了保证水胶比测试的准确性和实时性,将水胶比测试仪置于“小回路”中,水胶比测试仪主要电子元件为差动电容式压差变送器(见图 4-10)。电容式压差变送器安装在测试量筒侧壁上,其安装位置要保证筒溢流面至压差变送器中心测试膜片重心处的高差满足测试精度要求。

电容式压差变送器主要由压力/电容转换的容室敏感元件及将电容转换成

二线制电子线路板构成,如图4-11所示。

当进程压力从测量容室的两侧(或一侧,水胶比测试仪为单侧,即测试量筒内侧)施加到隔离膜片后,经填充液体(一般采用硅油)传至容室的测试膜片中心上。测试膜片为边缘张紧的膜片,在压力的作用下测试膜片发生微小位移,该位移构成差动电容的变化,经电子线路板的调理、震荡和缩小后转换成信号输入,输入电流与进程压力成反比,差动电容相对变化值与被测压力成正比,与填充液的介质常数无关。

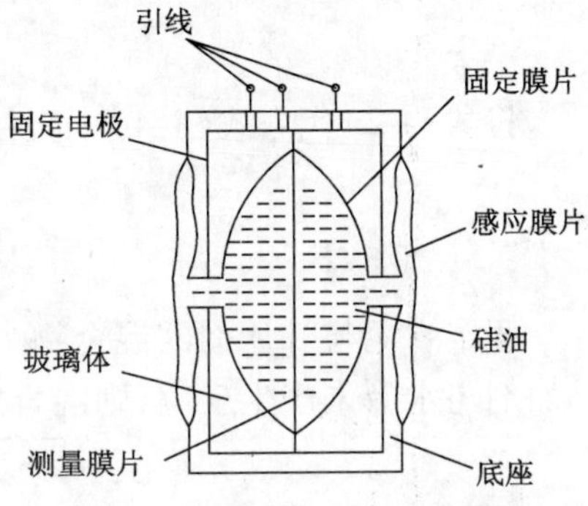

图4-11　电容式压差变送器结构图

(2)电容式压差变送器测试水胶比原理

电容式压差变送器经转换输出的信号为标准电流信号。不同的电流信号对应不同的压力差值ΔP(测试量筒溢流面至压差变送器测试膜片中心的压力差值,此压力差值与浆液密度相关)。电流I与压力差ΔP之间为线性函数对应关系,即:

$$\Delta P = \Delta P(I) \tag{4-1}$$

式中:ΔP——压力差;

I——电流值。

设某压差电动变送器测试膜电流与压力差之间的对应关系为(厂家提供的参数):

$$\Delta P = 1.25I - 5 \tag{4-2}$$

压差变送器测试得到的压力值为测试量筒溢流面往下至测试膜片中心处的压强差值,由于均质流体在某一点的静压力与该点到液面的距离成正比,因此可得到压力差与浆液密度之间的关系式:

$$\Delta P = \rho \cdot g \cdot H \cdot K \tag{4-3}$$

式中:ρ——浆液密度;

g——重力加速度;

H——溢流面至压差变送器测试膜片中心之间的高差;

K——修正参数,需要标定,当没有标定数据时取1.0。

由式(4-2)、式(4-3)可知,量筒溢流面H越高对膜片的压力越大,膜片受压变形至传感器的电流信号就越强。

将式(4-3)转化为浆液密度相关式：

$$\rho = \frac{\Delta P}{gHK} \tag{4-4}$$

将式(4-2)代入式(4-4)中直接得到浆液密度与输出电流之间的关系式：

$$\rho = \frac{1.25I - 5}{gHK} \tag{4-5}$$

假定水泥与外加剂的混合物为1kg，搅拌混合过程不生产质量损耗，水泥及外加剂与水尚未产生反应，则混合后浆液密度按式(4-6)推算：

$$\rho_{浆} = \frac{1 + \frac{w}{c}}{K_1 \frac{1}{\rho_{灰}} + K_2 \frac{1}{\rho_{加}} + \frac{w}{c}} \tag{4-6}$$

将式(4-6)演算化简后直接得到关于水胶比的计算式：

$$\frac{w}{c} = \frac{1 - K_1 \frac{\rho_{浆}}{\rho_{灰}} - K_2 \frac{\rho_{浆}}{\rho_{加}}}{\rho_{浆} - 1} \tag{4-7}$$

将式(4-5)代入式(4-7)得到水胶比与输入电流之间的关系式：

$$\frac{w}{c} = \frac{1 - \frac{K_1}{K} \frac{1.25I - 5}{\rho_{灰}\ gH} - \frac{K_2}{K} \frac{1.25I - 5}{\rho_{加}\ gH}}{\frac{1.25I - 5}{gHK} - 1} \tag{4-8}$$

上述式中：$\rho_{灰}$——水泥密度，桥梁压浆常用P. O 52.5水泥，密度一般为$3.16g/cm^3$；

$\rho_{加}$——外加剂密度，一般与水泥密度相当，根据试验得到；

$\rho_{浆}$——浆液密度，即水、外加剂、水泥混合物充分搅拌后的密度；

K_1——水泥与外加剂混合物中水泥的含量比值，以小数计；

K_2——水泥与外加剂混合物中外加剂的含量比值，以小数计。

(3)水胶比计算式的讨论

①当浆体为压浆剂、水泥混合物时，则水胶比计算式为式(4-8)，当外加剂中含水剂时，水剂重量计入水的重量中；

②当直接采用压浆料(由厂家将压浆剂和水泥按适宜掺量配合好后的压浆

材料）时，则上式可以化简为：

$$\frac{w}{c}=\frac{1-\frac{\rho_{浆}}{\rho_{灰}}}{\rho_{浆}-1} \tag{4-9}$$

换算成电流信号的直接关系式为：

$$\frac{w}{c}=\frac{1-\frac{1.25I-5}{\rho'_{灰}gHK}}{\frac{1.25I-5}{gHK}-1} \tag{4-10}$$

式中：$\rho'_{灰}$——压浆料密度值，根据实际试验测试得到（g/cm^3）。

2.浆液流量判别

合格的水泥浆液要求不离析、不泌水和不沉淀，其可压缩性非常小甚至可以认为是不可压缩的。压浆过程中持续增加流量使水泥浆在管道内成湍流运动状态，逐步带出管道中的空气和气泡，使水泥浆体充满管道。在浆液不可压缩的前提下，进浆口的浆液流量较之出浆口的浆液流量要大，在管道内空气基本被排除干净后，进、出浆口的浆液流量应保持基本相等。通常灌浆的流量约为50L/min，电磁流量计的测试精度为±1.0%，考虑到测量误差以及管道内存留有极少量气体，因此设置循环停止条件为两端流量差为±1.0L/min，相当于空气孔洞影响及测量误差综合为2%，而充盈度为98%。

3.浆液进口浆、回浆口压力判别

监测预应力孔道进浆口和出浆口压力差是否接近理论值，压力差过大则可能堵管，此时应加大流量进行冲孔。

《公路桥涵施工技术规范》（JTG/T F50—2011）规定：对水平或曲线管道，压浆压力宜为0.5～0.7MPa，压浆的充盈度应达到孔道另一端饱满且排气孔排出与规定流动度相同的水泥浆为止。关闭出浆口后，宜保持一个不小于0.5MPa时长3～5min的稳压期。因此在循环压浆过程的动态持压阶段保持压力应大于0.5MPa，且持续时间应大于180s。

基于浆液的固液特性与现有压浆条件，一旦有颗粒通过活塞会导致压力波动较大。目前现有压浆设备中常用的螺杆泵的精度为0.1MPa，因此循环压浆系统中若进浆口、出浆口的压力在30s内波动均不超过±0.10MPa，则可进一步判定管道内空气已完全排出。

4.5.2 浆液循环过程控制流程

水泥、外加剂和水按一定配比在高速搅拌桶中制成浆液,浆液由高、低速桶之间的过滤网过滤掉其中直径较大的杂质后进入低速桶继续搅拌。低速桶内浆液经"小回路"检测合格后压入预应力梁体的进浆口,浆液从预应力孔道流出后经回浆管进入返浆测控仪(先后流经压力传感器、返浆阀、调压阀和流量传感器),返浆测控仪监测后的浆液经过滤网过滤后返回到低速桶,此循环过程定义为压浆"大循环"。

"大循环"和"小回路"均为自动控制。"大循环"由系统内设置的压力传感器、电磁流量计实时监测进出口实时压力和流量,"小回路"采用水胶比测试仪监测浆液水胶比,测试数据经单片机 A/D 转换后与计算机主控中心进行交互。

循环过程完成以后,返浆测控仪内电动调压阀进行自动调压进入动态持压过程,调压达到预期后返浆阀关闭,溢流阀自动打开开始溢流。

以上整个过程由计算机主控中心控制测控仪相应的阀门完成相应的动作。系统工作原理图如图 4-12 所示。

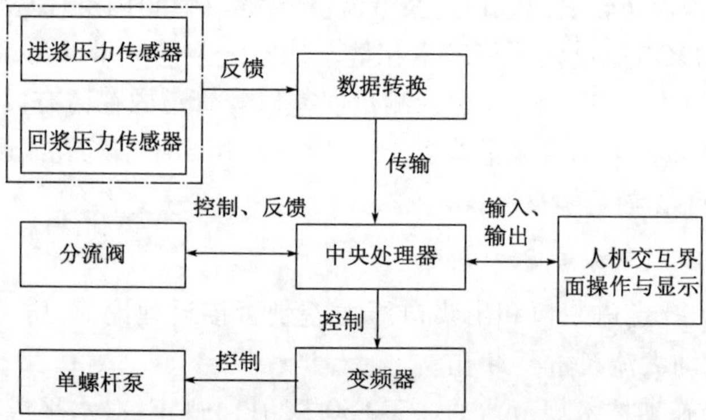

图 4-12 浆液循环控制过程

智能压浆系统的控制系统主要由控制中心(计算机)、进浆测控仪、返浆测控仪和水胶比监测仪组成,其控制过程为:

(1)制浆完成后控制系统首先对浆液水胶比进行检测,判别是否满足设计和规范要求,若不符合则不能启动压浆系统,需要重新制浆,如符合要求则进行压浆。

(2)压浆回路开启后,浆液开始循环,进浆测控仪实时向控制中心输送进浆口的压力和流量信号,返浆测控仪也实时向控制中心输送出浆口的压力和流量信号,控制中心依据预设的参数对水胶比、压力和流量等数据进行判断,若水胶比、压力和流量偏差均在允许的范围内，则表明浆液质量满足设计和规范要求。

(3)通过浆液循环后达到压力与流动的稳定，预应力孔道内空气已经排除干净，然后对返浆测控仪发出进行调压的指令。进行调压后，控制中心依据调压情况发出是否锁压指令，一旦发出锁压指令(同时发出溢流指令)则意味该孔压浆结束。

浆液循环控制的具体过程如图4-13所示。

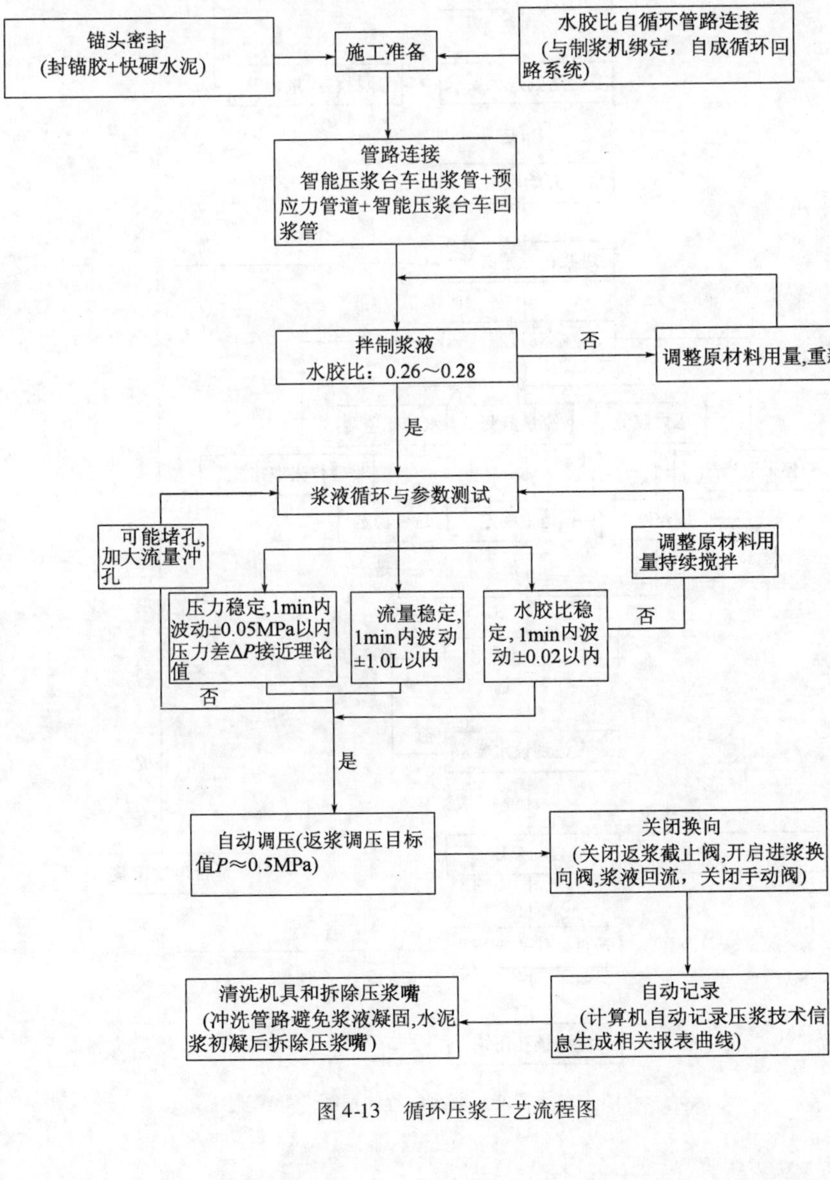

图4-13　循环压浆工艺流程图

4.5.3 系统控制程序

本系统软件包括下位机 PLC 程序与人机交互触摸屏程序，PLC 程序软件用于监控数据和执行指令；上位机触摸屏程序软件用于设置参数与显示、记录过程数据。程序框图如图 4-14 所示。

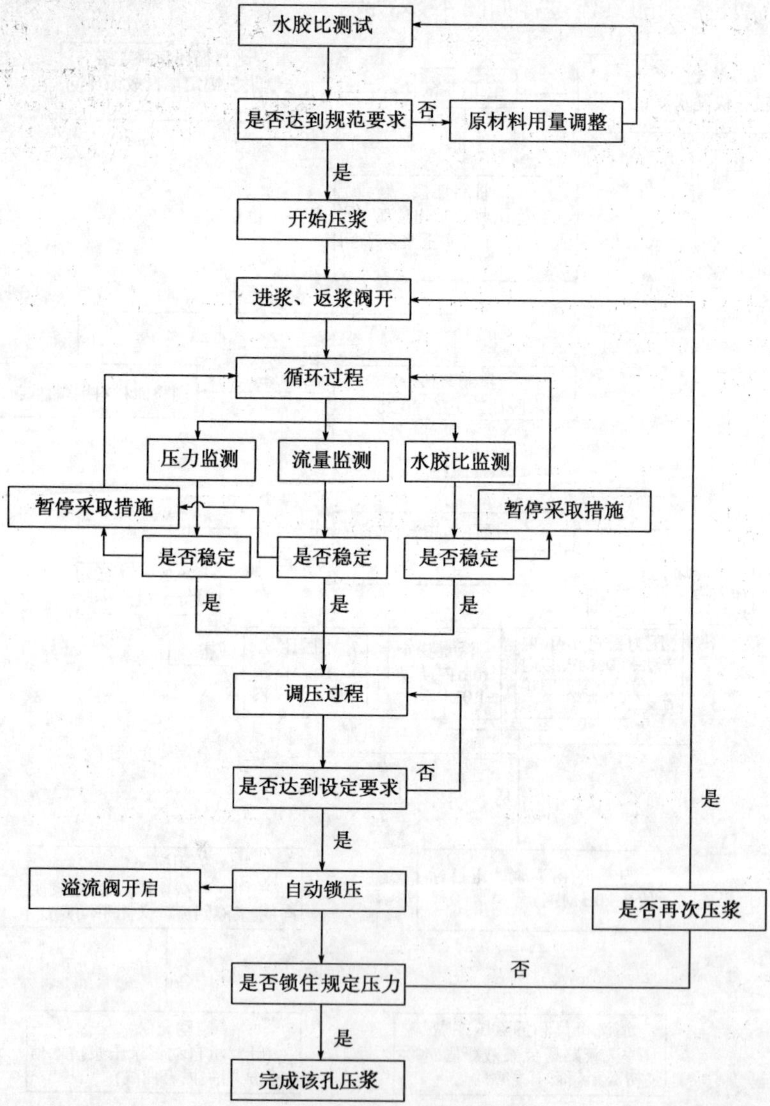

图 4-14 智能压浆系统程序框图

预应力智能压浆系统控制流程共分为5个判断条件,分别为压浆前水胶比符合性判断;循环过程压力、流量、水胶比判断;调压目标值判断;锁压成功性判断;是否再次压浆判断。

1. 压浆前水胶比判断

制浆完成以后系统软件进行水胶比及密度的测试,判断其是否符合规范值,若不符合则继续对浆液配合比进行调整,符合则进行下一步骤——开始压浆。

2. 循环过程水胶比、压力、流量判断

循环过程中监测水胶比、压力、流量等"三参数",若有异常,显示要求处理问题,若不处理则暂停压浆,处理完毕再继续压浆——循环过程。

3. 调压目标值判断

压力调整至目标值范围内且稳压时间达到30s则进行下一步骤,否则继续进行调压过程直至350s强制锁压。

4. 锁压成功性判断

锁住压力在设定值区间则完成压浆,否则提示是否继续压浆。

5. 是否再次压浆判断

锁压失败后进入下一个循环过程。

4.6　智能化压浆系统运行过程

4.6.1　压浆前的准备工作

(1)确保准备工作充分。压浆前确认配套使用的水泥、压浆剂、高压胶管、电缆线、遮阳伞等是否准备齐全。

(2)对照设备发货清单,清点设备,确定设备完好、配件齐全。

(3)核对仪器的编号,由于仪器都在出厂前统一标定(压力计等),使用时一定要注意对应。

(4)确定待压浆的预应力混凝土结构预应力筋张拉是否完成。

(5)现场压浆施工安全注意事项等内容。

(6)布置压浆台车放置点。压浆台车放置点选择在确定待压浆梁板侧面,要求不影响现场施工，放置点的地面应平整，现场不能满足时应对压浆台车轮胎下进行加垫固定。

4.6.2　管路连接

请选择合适接口的高压胶管与仪器正确连接，保证管路中不存在堵塞管路的情况出现，确认管路连接正确后，可以按下电源接通按钮启动仪器，系统初始化。

4.6.3　设备调试

设备调试过程中，要求确保设备电源已经接通。在设置好各项参数后试运行各部件，如图 4-15 所示，以确认高速制浆机、低速制浆机等设备是否正常运转（即按下控制面板各按钮以确保系统是否能正常运转）。

图 4-15　某智能压浆系统控制面板

4.6.4　浆液制备控制

（1）根据选择的水胶比，按照高速搅拌桶内设置的刻度线加入适量水泥至对应的水位刻度线。

（2）加水完成加入外加剂，开启高速搅拌机搅拌并逐步加入水泥，待全部水泥加入后搅拌时间为 3 ~4min 即停机。

（3）高速制浆机搅拌完成停止后，通过底部的胶管将高速搅拌后的浆液打入低速桶内，同时开启低速储浆桶。

4.6.5　压浆实施过程

（1）再次确认智能压浆系统设备正常，并选择是否进行单孔压浆。

（2）点击“进浆”按钮开始压浆，浆液通过螺杆泵加压进入预应力管道，并从台车上出浆口循环回流至低速储将桶内，此后浆液循环直至显示屏显示水胶比测试偏差、进口压力传感器与出口压力传感器压力差、进口流量传感器与出口流量传感器流量差在允许的偏差范围内，则点击“暂停/继续”按钮，螺杆泵停止运行，关闭出口的手动阀门。

(3)点击“加压”，PLC 变频控制螺杆泵逐渐加压，同时分流阀自动开启到设定开度，直至出口压力达到设置值，一般为 0.50MPa，持压 180s(可设定，一般不少于 180s)，蜂鸣器报警提示压浆持压结束。

(4)此时应关闭压浆嘴上手动球阀，再点击“结束”按钮，并打开回浆口手动阀门，系统泄压，分流阀自动打开。

(5)将进浆管与回浆管对接，往低速储将桶内加入清水，启动“清洗”按钮，系统自动进行分流、回流管路的清洗。

(6)在压浆过程中应密切注意自动压浆设备工作情况，注意安全，如有异常情况立即单击“暂停压浆”，按下压浆台车“急停指示”按钮，停止压浆，排除异常情况后，方可继续压浆。

(7)一孔压浆完成以后，进入触摸屏参数设置界面，修改梁板孔号，在切换至参数显示界面开始下一孔压浆。

4.6.6 压浆结束

(1)待整片梁板压浆施工完成后依次关闭软件、电机、切断电源，拆卸高压管。

(2)压浆系统所有设备在压浆完毕以后必须妥善保管，仪器都必须有良好的防晒、防水措施。由于保管不当造成的设备损坏。

(3)定期维护。螺杆泵、高速制浆机底部螺旋泵每使用 1 个月必须进行维护保养，并经常清除里面浆液凝固后的沉淀，螺旋泵密封件应加注润滑油脂；压力传感器每个月需拆下清除底部凝固的水泥浆，并加满润滑油脂。

4.7 智能化压浆法案例分析

4.7.1 案例一

预应力智能压浆系统应用于湖南某高速公路第 9 合同段，现场为 20m 预应力混凝土空心板梁，全梁共 4 束预应力钢绞线，在张拉完成会即刻进行封锚，张拉完成 24h 后封锚砂浆终凝后开始进行压浆施工。现场采用高性能预应力管道专用压浆剂，水胶比为0.28，压浆剂掺量为10%，采用PO52.5普通硅酸盐水泥，现场压浆配比为水泥：压浆剂：水＝200：20：61.6(kg)。为了比较智能压浆系统和普通正压压浆的效果，对该梁的左右侧采用不同的压浆方法。

(1)左侧预应力筋孔道采用智能压浆。以高速制浆机制浆，先加水，然后加压浆剂后开始高速搅拌，转速为1420r/min，线速度为15.3m/s，缓慢倒入水泥，搅拌3min后浆液制作完毕，然后导入低速搅拌桶备用，现场返浆压力设定为0.5MPa，最大安全要设定为1.0MPa。采用双孔循环的方式进行压浆，N_1左与N_2左串联，采用循环压浆工艺及智能压浆系统压浆；N_1右与N_2右串联，采用传统压浆工艺与设备压浆。由于一次压浆两孔预应力管道，需要浆液较多，因此浆液搅拌两桶后才正式开始压浆(第1桶浆液存储在低速搅拌桶内，第2桶在高速搅拌机内)，第1桶、第2桶浆液的初始流动度分别为15.8s和16.2s，30min后测试浆液流动度为18.6s。自第1桶浆液制浆加水至完成压浆时间为35min。

(2)右侧预应力筋孔道采用普通正压压浆。将拌制好的水泥浆液以0.5MPa的压力从压浆端压入，当水泥浆从出口端流出且稠度与压浆端基本相同时停止压浆。

压浆完成7d以后对锚头位置进行了切片，对切片处的密实度进行了对比，其切片对比效果如图4-16、图4-17所示。

图4-16　梁端部不同压浆方式的梁切片对比

图4-17　锚垫板下波纹管内压浆状况对比

从图4-16的梁端部切片效果可知，智能压浆的波纹管内水泥浆饱满密实，而普通正压压浆的波纹管内水泥浆液不够饱满密实，孔道顶部存在空洞。

从图4-17的锚垫板下波纹管可知，智能压浆的波纹管浆液饱满，而普通正压压浆存在较大空隙，钢绞线未被水泥浆液包裹。

4.7.2　案例二

在山西某高速公路第9合同段进行了一孔25m小箱梁压浆切片对比试验，

对该梁的左右侧分别采用智能压浆和普通正压压浆方法，在距锚头 0.5m 位置的梁体切开进行检查，其切片对比见图 4-18、图 4-19。

图 4-18　梁端部不同压浆方式的梁切片对比

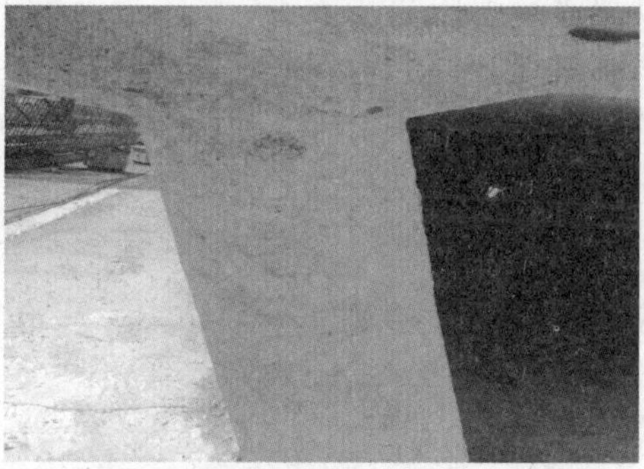

a)智能压浆

b)正压压浆

图 4-19　梁端部局部放大图

从图 4-18、图 4-19 的锚垫板下波纹管可知，智能压浆的波纹管浆液饱满，而普通正压压浆的三束均存在较大空隙，钢绞线未被水泥浆液包裹。

综合以上两个切片案例可知，智能压浆的效果明显优于普通正压压浆效果，且预应力孔道内浆液饱满。

第5章 后张预应力孔道高性能压浆材料

孔道压浆是后张预应力技术中的一道关键技术,压浆材料的质量直接关系到后张预应力混凝土结构的安全性和耐久性。工程中制备压浆材料的方式有两种:一种是压浆剂与水泥以一定比例混合加水搅拌制备,另一种是压浆料直接加水搅拌制备。压浆料是由高效减水剂、缓凝剂和微膨胀剂等多种外加剂和矿物掺和料以及水泥组成的干混料,不掺加水泥的压浆料即为压浆剂。随着经济的发展和对工程质量要求的提高,工程上对预应力结构的安全性和耐久性要求不断提高,相应的对后张预应力孔道压浆性能的重视程度也越来越提高。原有的压浆材料已不能很好地满足现代工程的要求,实际工程迫切需要低成本高性能孔道压浆材料。

5.1 孔道压浆材料组分及性能

5.1.1 组成材料

压浆材料主要由水泥、超细活性矿粉、外加剂等组成。其中外加剂包括高效减水剂、塑性膨胀剂、消泡剂、流变剂、阻锈剂等多种组分。

5.1.2 水泥

水泥是压浆组分中主要的胶凝材料,在设计压浆配合比前,应了解各种水泥材料的组成及性能,应根据不同的工况、不同的季节选择不同的水泥胶凝材料。如硅酸盐水泥熟料中主要成分为硅酸三钙($3Cao \cdot SiO_2$)、硅酸二钙($2Cao \cdot SiO_2$)、铝酸三钙($3Cao \cdot Al_2O_3$)和铁铝酸四钙($4Cao \cdot Al_2O_3 \cdot Fe_2O_3$),此外还有少量的游离氧化钙、氧化镁,含碱矿物和玻璃体等。凡由硅酸盐水泥熟料、6% ~15%混合材料、适量石膏磨细制成的水硬性胶凝材料,称为普通硅酸盐水泥(简称普通水泥),代号 P. O。

我国《通用硅酸盐水泥》(GB 175—2007)对硅酸盐水泥和普通水泥都有相应的技术要求。硅酸盐水泥的主要性能指标为:细度、凝结时间、强度和安定性。

1. 细度

细度是指水泥颗粒总体的粗细程度。水泥熟料颗粒大小与水化和硬化过程有着直接的联系,水泥颗粒越细,与水发生反应的表面积越大,因而水化反应速度较快且较完全,早期强度也越高。对于一定重量的水泥,磨得较细的水泥的比表面积大于磨得较粗的水泥的比表面积。我国《通用硅酸盐水泥》(GB 175—2007)规定普通水泥采用0.08mm方孔筛筛余不得超过10%,对应的比表面积大于$300m^2/kg$。

2. 凝结时间

水泥加水拌和后应该在足够的时间内保持塑性状态,凝结时间过早导致来不及施工和水泥凝结时间过迟导致施工周期长而影响施工进度。水泥的凝结时间是采用维卡仪测定标准稠度的水泥净浆来确定的,将直径为1.1±0.04mm,长50mm的钢针沉入水泥净浆的深度确定水泥的初凝时间和终凝时间。我国标准规定,水泥的初凝时间不得小于45min,终凝时间不得大于12h。影响凝结速度的因素很多,如水泥的细度、水灰比的大小、温度的高低等都对水泥的凝结速度产生影响,水泥愈细、水灰比愈小、温度愈高水泥的凝结速度愈快。

3. 强度

影响水泥强度的因素很多,如水泥的矿物组成,水泥的细度,水灰比,试验方法和养护温度、湿度等都会对水泥强度产生影响。水泥成分中含有石膏有利于提高早期强度。

4. 安定性

游离的氧化钙、氧化镁含量过多或石膏掺加量过多时都会引起水泥安定性不良。约束条件(水泥石)下,氧化钙和氧化镁的水化膨胀会产生较大的应力使水泥石开裂破坏。石膏掺入量多时,会在后期生成钙矾石,引起膨胀,同时会造成不良的安定性。

我国标准规定,凡氧化镁、三氧化硫、初凝时间、安定性中的任一项不符合标准规定时均为废品;凡细度、终凝时间、不溶物和烧失量中的任一项不符合标准规定或混合材料掺加量超过最大限量和强度低于商品标号规定的指标时称为不合格品。因此压浆材料应选择高质量的水泥,制备压浆采用应考虑以下影响因素:

(1)水泥的细度、凝结时间、安定性应符合要求,如安定性不符合要求,水泥浆体硬化后将出现裂缝,预应力钢绞线易腐蚀。

(2)水泥浆拌制完成后,应在水泥的初凝时间内压浆,随拌随灌。

(3)夏季选择普通水泥,考虑初凝时间因素,冬季选择早强水泥如硅酸盐水泥、普通早强水泥等,防止水泥浆体遭受冻结。

5.1.3 减水剂

高效减水剂(High Range Water-reducer)又名超塑化剂(Super plasticizer),是指在保持混凝土坍落度基本相同的条件下,能大幅度减少拌和物用水量的外加剂。高效减水剂的主要成分几乎都是聚合物电解质类,它们对水泥和混凝土具有高的分散作用,能较好地保持混凝土的坍落度,掺这类外加剂可以使混凝土拌和物的流动性大大提高,或者在保持相同流动性的情况下大幅度减少混凝土拌和物的用水量,同时可使混凝土具有高耐久性。

与高效减水剂相比,高性能减水剂(High Performance Water-reducer)除了高减水率外,还要求有一定的引气性、高保坍性和良好保水性等性能的混凝土外加剂。高性能减水剂品种很多,国内现有的高效减水剂一般为聚羧酸、聚羧酸盐类减水剂。

5.1.4 膨胀剂

为了减小和控制混凝土由于各种原因造成的体积收缩,保持混凝土的体积稳定,可以采用不同的技术手段和预防措施。通过在混凝土中掺加有微膨胀效能的外加剂,通过其膨胀效应以补偿混凝土收缩应力的方法则逐渐得到学界和工程界的认可。膨胀剂参与水化过程,并生成具有膨胀作用的化学产物导致混凝土的宏观体积增加,弥补了由于多种原因造成了混凝土收缩变形。

20世纪初期,学者凯特劳托发现了钙矾石这种化学产物具有微膨胀特性,这为混凝土膨胀剂的研究和使用提供了理论基础。

5.1.5 消泡剂

消泡就是泡沫稳定化的反过程,即一切能破坏泡沫稳定性的因素均可用于消泡。消泡包括两方面的含义,一是“抑泡”,即防止泡沫的产生;二是“破泡”,即将已产生的泡沫消除。

消泡剂的化学结构和性质不同,破坏泡沫稳定性的机理也不同。随着新的高活性消泡组分的不断发现,复配组分协同效应研究的不断深入,发明了多功能、高效率的新型复配型消泡剂,比如有机硅化合物和表面活性剂的复配、聚醚和有机硅的复配、水溶性或油溶性聚醚和含硅聚醚的复配,适用性强、能提高产品质量和设备利用率的新型高效消泡剂将是当前消泡剂的发展方向。随着硅油合成原料价格的逐年降低以及合成路线的优化,配有聚醚改性硅油组分的复合型消泡剂将在未来的市场上占据主导地位。

5.1.6 阻锈剂

钢筋阻锈剂(Rebar Inhibitor)是能阻止或减缓钢筋腐蚀的化学物质,通常通过掺入混凝土中或涂敷在混凝土的表面而起作用。掺入阻锈剂是预防或延缓钢筋腐蚀的一种简便易行而且经济有效的方法。钢筋阻锈剂的分类方式有很多种,一般按化学成分的不同可分为无机型、有机型和混合型;按作用机理又可以分为阴极型、阳极型以及二者的复合型;根据使用方式的不同又可以分为掺入型和渗透型两大类。

5.2 高性能压浆材料

5.2.1 高性能压浆材料的基本构成

高性能压浆材料由复掺超细活性改性矿粉、聚合物高性能减水剂、碱金属膨胀剂、低粘流变剂、羟基盐类阻锈剂、有机硅消泡剂等组成。高性能压浆材料在极大幅度降低用水量的同时能提高流动性、降低压力泌水率,且浆液凝固后抗压强度、抗折强度、弹性模量和线性膨胀系数等物理力学性能均略高于本体混凝土,从而使结构协同受力性能更佳。

5.2.2 高性能压浆材料的分类及适用范围

预应力孔道高性能压浆材料分为专用压浆剂和专用压浆料。预应力孔道高性能压浆材料适用于所有后张预应力管道压浆,地脚螺栓压浆、边坡锚杆压浆、混凝土裂缝修复压浆、梁柱改造加固压浆、二次压浆等。

5.2.3 高性能压浆材料基本组分及关键材料作用机理分析

1.高性能压浆材料的基本组分

(1)普通硅酸盐水泥:占比 80% ~90%,标号 P.O42.5 或 P.O52.5。

(2)膨胀剂:占比 5% ~10%,膨胀剂为硫酸盐类、钙矾石类、氧化镁类、碱金属催发类膨胀剂中的一种或几种,氯离子总含量小于 0.75%。

(3)复合超细活性矿粉:占比4%~10%,矿粉为硅灰石粉、方镁石粉、方解石粉、滑石粉、石英粉中的一种或几种,目数为1250~5000。

(4)高效减水剂:占比0.20%~0.5%,减水剂为聚羧酸类、聚羧酸盐类减水剂。

(5)低黏度流变剂:占比0.01%~0.10% 聚醚类,黏度400Pa·s。

(6)阻锈剂:占比0.02%~0.15% 阻锈剂为草酸钠类、羧酸及盐类阻锈剂。

2. 聚羧酸高效减水剂对浆液流动度、压力泌水率及压浆料强度的影响及其作用机理

为了验证聚羧酸高效减水剂对流动度、压力泌水率、强度的影响,设计了一组试验进行,以基准水泥用量为标准量,聚羧酸盐高效减水剂(ZY)掺量分别为0.2%、0.3%、0.4%和0.5%,1250目的矿粉掺量为5%,各组试验试验结果如表5-1所示。

聚羧酸盐掺量对浆液流动度的影响 表5-1

组号	水胶比	聚羧酸盐掺量(%)	初始流动度(s)	30min 流动度(s)	60min 流动度(s)
1	0.27	0.2	18.5	22.7	27.4
2	0.27	0.3	17.2	21.8	25.4
3	0.27	0.4	14.4	17.8	22.5
4	0.27	0.5	16.3	19.7	24.3

由表5-1可知:随着聚羧酸盐掺量的增加,浆液的流动度逐渐提高,但当减水剂掺量大于0.4%以后,流动度反而下降。这是因为随着聚羧酸盐减水剂掺量的增大,浆液内自由水泌出量会增加,同时由于聚羧酸高效减水剂具有引气功能,提高了含有大量微细气泡浆液的流动度。但随着聚羧酸高效减水剂掺量的继续增加,其减水、引气的效果反而减弱了,这是由于聚羧酸高效减水剂超过一定含量后,水泥颗粒对高效减水剂的吸附性不再增加,流动性反而下降了。

与此同时,由于聚羧酸盐减水剂兼有引气功能,随着掺量的增加其引气量也随之增加,在浆液凝固成型后会在内部产生大量微小气孔,由于大量微小气孔的存在会引起压浆料抗压强度和抗折强度的降低。图5-1、图5-2为不同掺量聚羧酸盐高效减水剂浆液成型试件破开后断面气孔的照片。

从图5-1和图5-2中可以看出,聚羧酸盐高效减水剂掺量0.4%的浆液成型试件内存有大量气泡,且气泡数目和直径均明显大于聚羧酸盐高效减水剂掺量0.2%的浆液成型试件。

a)没有放大

b)放大5倍

图 5-1　掺量 0.2% 试块剖面

a)没有放大

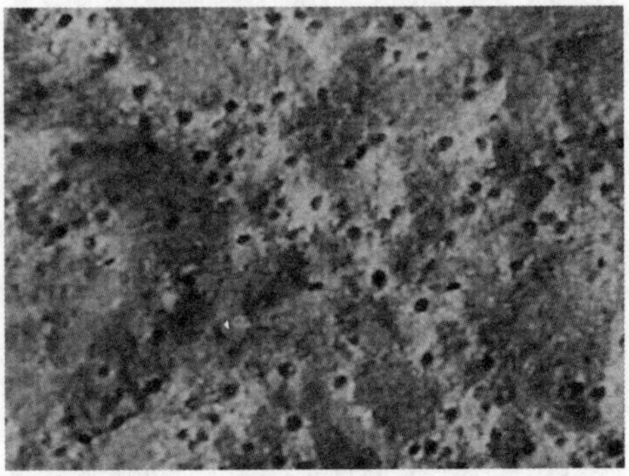

b)放大5倍

图 5-2　掺量 0.4% 试块剖面

对聚羧酸盐高效减水剂掺量 0.2% 与 0.4% 配置的浆液分别作了一组标准试件(40mm×40mm×160mm)并对 7d 抗压抗折强度对了对比分析，试验数据如表 5-2 所示。

不同减水剂掺量标准试件 7d 强度对比　　表 5-2

聚羧酸盐掺量(%)	抗压强度(MPa)	抗折强度(MPa)
0.2	76.2	15.4
0.4	56.4	8.7

由表 5-2 可知，随着聚羧酸盐高效减水剂掺量的增加，其抗压强度和抗折强度明显降低，减水剂掺量为 0.4% 时的抗压强度和抗折强度只有减水剂掺量为 0.2% 时的 74% 和 56%。因此尽管增加聚羧酸高效减水剂用量可以保证流动

度，但聚羧酸盐高效减水剂在减水的同时引气量的增加使得试件内部不密实，使其强度大为降低。

对上述各试件进行了0.36Pa压力下的泌水试验，泌水试验结果见表5-3。（泌水测试以200ml浆液放置于压力泌水容器中测试）

不同减水剂掺量泌水率结果对比　　表5-3

聚羧酸盐掺量（%）	泌水量（mL）	泌水率（%）
0.2	1.6	0.8
0.4	3.0	1.5

由表5-3可知：随着聚羧酸盐掺量的增加，浆液的压力泌水率随着提高。这是由于随着聚羧酸盐高效减水剂掺量的增加，其减水量也随之增加，由此产生过多的自由水；同时聚羧酸盐高效减水剂掺量的增加，其引气量也随之增加，使泌水的自由水更容易在压力作用下泌出。

3. 活性矿粉对流动度的影响及其作用机理

对不同规格镁石粉作为活性矿粉的压浆料进行了流动度的对比试验，试验参数选取为：镁石粉的规格分别为1250目、2500目、4000目、8000目四种，掺量均为水泥用量的5%；各组试验水胶比仍为0.27；聚羧酸盐高效减水剂掺量均为0.30%，试验共分五组，第1组为不掺加活性矿粉，试验结果如表5-4所示。

活性矿粉的细度对流动度的影响　　表5-4

组号	矿粉目数	初始流动度（s）	30min流动度（s）	60min流动度（s）
1	无矿粉	22.8	33.5	59.5
2	1250	18.9	22.7	30.6
3	2500	18.4	20.1	25.4
4	4000	16.2	18.9	22.8
5	8000	15.9	18.5	20.5

由表5-4可知：当不掺入矿粉时，新拌浆液的初始流动度为22.8s、30min流动度为33.5s、60min流动度为59.5s，浆液的流动度经时损失较大，30min损失46.9%、60min损失161%。随着掺入矿粉的作用，当掺入1250目的矿粉时，初始流动度为18.9s、30min流动度为22.7s、60min流动度为30.6s，30min流动度经时损失为20.1%、60min流动度经时损失为61.9%；而随着掺入矿粉的目数更细，初始流动度得到改善，流动度经时损失随之减少，当采用8000目矿粉时，初始、30min、60min流动度分别为15.9s、18.5s、20.5s，30min、60min流动度经时

损失分别为15%,22.4%。

活性矿粉能够改善浆液流动度的主要原因：

(1)矿粉的细粉颗粒表面光滑且颗粒较细,水分在其表面吸附作用小,同时表明分散在水泥颗粒间的矿粉颗粒能将空隙中的水置换出来,以此增加颗粒之间的隔水层,起到分散剂的作用,对水泥水化过程中形成的“絮凝结构”有解絮作用。

(2)矿粉的密度比水泥小,在胶凝材料总量不变的情况下,增加了浆体的含浆量,从而改善了其流动性。

(3)矿粉的主要成分属于一种活性较低的填料,当浆体中水泥被矿粉取代后,水泥的使用量减少,同时可减少水泥中铝酸三钙，铁铝酸四钙相对含量,减少水泥熟料对高效减水剂的吸附作用,使整个体系的水化速率减缓。

因此加入矿粉可以减少浆液流动度经时损失,增加浆液的流动度。

5.2.4　高性能压浆材料的性能要求

由高性能压浆材料制备得到的浆液,其性能指标应符合《公路桥涵施工技术规范》(JTG/T F50—2011)中相应的要求。具体见表5-5。

后张预应力管道压浆浆液性能要求　　表5-5

<table>
<tr><th>序号</th><th colspan="2">项　目</th><th>性能指标</th></tr>
<tr><td>1</td><td colspan="2">水胶比</td><td>0.26～0.28</td></tr>
<tr><td rowspan="3">2</td><td rowspan="3">流动度(25℃)</td><td>初始流动度</td><td>10～17</td></tr>
<tr><td>30min 流动度</td><td>10～20</td></tr>
<tr><td>60min 流动度</td><td>10～25</td></tr>
<tr><td rowspan="2">3</td><td rowspan="2">凝结时间(h)</td><td>初凝时间</td><td>≥5</td></tr>
<tr><td>终凝时间</td><td>≤24</td></tr>
<tr><td rowspan="2">4</td><td rowspan="2">泌水率(%)</td><td>24h 自由泌水率</td><td>0</td></tr>
<tr><td>3h 钢丝间泌水率</td><td>0</td></tr>
<tr><td rowspan="2">5</td><td rowspan="2">压力泌水率(%)</td><td>0.22MPa(孔道垂直高度≤1.8m)</td><td rowspan="2">≤2.0</td></tr>
<tr><td>0.36MPa(孔道垂直高度>1.8m)</td></tr>
<tr><td rowspan="2">6</td><td rowspan="2">自由膨胀率(%)</td><td>3h</td><td>0～2</td></tr>
<tr><td>24h</td><td>0～3</td></tr>
<tr><td rowspan="3">7</td><td rowspan="3">抗压强度(MPa)</td><td>3d</td><td>≥20</td></tr>
<tr><td>7d</td><td>≥40</td></tr>
<tr><td>28d</td><td>≥50</td></tr>
</table>

续上表

序号	项目		性能指标
8	抗折强度(MPa)	3d	≥5
		7d	≥6
		28d	≥10
9	充盈度		合格
10	对钢筋的锈蚀作用		无锈蚀

5.2.5 高性能压浆料的制备工艺

高性能压浆材料组分均为粉末颗粒，一般应由专业工厂组织生产，不宜在施工时进行组分称量混合，压浆料采用双轴钢筒式干混搅拌机或其他搅拌性能更高的设备，混合的均匀度应达到98%以上。其制备工艺包括以下步骤：

1. 原材料的运输及储存

高性能压浆材料中用到的水泥、聚羧酸盐类高效减水剂、塑性膨胀剂及超细活性矿粉均具有吸湿的性能，吸湿后的材料性能发生改变，将使压浆料的性能指标达不到规范要求，因此在运输及储存过程中均应避免潮湿，保持在干燥通风处。开包使用过的材料应立即封闭，避免暴露在空气中。吸潮的原材料应废弃、禁止使用。

2. 称量

水泥、膨胀剂、超细活性矿粉称量的准确度应达到 ±1.0% 的精度。其余低掺量的组分称量准确度除应达到 ±1.0% 的精度，还应保证在取小样试配时采用满足精度要求的电子秤精度在 0.1g 以上，生产称量时候应精确至 1.0g。

3. 预混

压浆料掺量低的高效减水剂、塑形膨胀剂、消泡剂等应在生产前准确称量并使用小型干粉搅拌设备预混 5 ~ 10min，预混是可加入 20 ~ 30kg 的水泥或超细活性矿粉、普通膨胀剂。

4. 混合搅拌

压浆料的制备投料宜将水泥、普通膨胀剂、超细活性矿粉剂预混料分为 3 ~ 5 份，先投入水泥，再一次加入其他组分，预混料不宜最先或最后加入。投料结束以后，搅拌 15 ~ 30min，即完成搅拌生产。

5.2.6 高性能压浆料的使用要求

1. 计量

现场宜采用袋装高性能压浆材料，每袋的质量误差在 ±1.0% 以内；压浆用水宜采用符合国家卫生标准的清洁饮用水，称量精度满足 ±1.0%。

2. 搅拌设备要求

搅拌设备的转速不宜小于 1000r/min，其搅拌叶片线速度不得小于 10m/s，最高线速度宜限制在 20m/s 以内，且能满足在规定时间内搅拌均匀的要求。根据现场压浆情况，推荐搅拌设备的转速为 1400r/m、线速度为 15m/s、搅拌时间为 3 ~ 5min，可满足施工要求。

3. 浆体搅拌操作顺序

确定每次制浆数量，计算出用水量，在搅拌机内先加入计算全部制浆用水，启动搅拌机，缓慢均匀加入压浆料，边搅拌边加入，切忌一次投入量过多，观察上次投入量，待已基本搅拌均匀后再次投料，全部压浆料投入后继续搅拌 3 ~ 5min 即可得到满足规范要求的浆液。

4. 使用前初始流动度测试

搅拌结束后，应抽样以标准流锥测试其初始流动度，初始流动度应符合规范指标要求，对延迟使用的浆液，流动度降低时不得随意加水来增加其流动。

参 考 文 献

[1] 项海帆. 21世纪中国桥梁的发展之路[J]. 科技导报, 2015, 33(5):1.

[2] 冯正霖. 对我国桥梁技术发展战略的思考. http://www.moc.gov.cn/zhuzhan/jiaotongxinwen/xinwenredian/201505xinwen/201505/t20150520_1820008.html.

[3] 沈蒲生. 钢筋混凝土结构设计原理[M]. 北京:中国建筑工业出版社,2005.

[4] 汪建群. 大跨预应力混凝土箱梁桥早期开裂和远期下挠控制[D]. 长沙:湖南大学, 2011.

[5] Steven, H. G., Cecil, L. J. Guide to curing concrete (ACI308R—01)[S]. ACI Committee 308, 2001.

[6] 中华人民共和国国家标准. GB 50666—2011 混凝土结构工程施工规范[S]. 北京:中国建筑工业出版社, 2011.

[7] 中华人民共和国行业标准. JTG F50—2011 公路桥涵施工技术规范[S]. 北京:人民交通出版社,2011.

[8] 王海榜. 真空辅助压浆施工工艺[J]. 桥梁建设, 2005(1): 59-61.

[9] 刘世忠. 桥梁施工[M]. 北京:中国铁道出版社, 2010.

[10] ASTM C186-13(2013). Standard test method for heat of hydration of hydraulic cement. [S]. 2013.

[11] ASTM C1702-14 (2014). Standard test method for measurement of heat of hydration of hydraulic cementitious materials using isothermal conduction calorimetry[S]. 2014.

[12] Almusallam, A. A. Effect of environmental conditions on the properties of fresh and harden concrete [J]. Cement & Concrete Composites, 2001(23): 353-361.

[13] Lura P., Klaas van Breugel K. V. Effect of curing temperature and type of cement on early-age shrinkage of high-performance concrete[J]. Cement and Concrete Research, 2001(31): 1867-1872.

[14] Paillere A. M., Serrano J. J. Effect of fiber addition on autogenous shrinkage of silica fume concrete[S]. ACI Material Jounal, 1989, 86(2):139-144.

[15] 刘永根. 混凝土标准养护室单片机控制系统设计[D]. 南京:南京理工大

学,2010.

[16] 戚得众. 混凝土养护室温湿度智能控制系统研究[D]. 武汉:湖北工业大学,2009.

[17] 鞍山三冶建筑工程有限公司. 一种混凝土养护装置: 中国,201320360576·X-06-21[P], 2013.

[18] 董继红, 李占印.《水泥水化热测定方法》(GB/T 12959—2008)中两种方法的联合应用[J]. 水泥, 2015(5):62-63.

[19] Finnermore, E. J. Fluid mechanics with engineering applications [M]. 北京:清华大学出版社, 2003. 340-344.

[20] 姜校林. 变速水泵节能机理研究及错误纠偏[J]. 自动化博览. 2006(4):62-64.

[21] 蔡增基, 龙天渝. 流体力学泵与风机[M]. 北京:中国建筑工业出版社, 1999.

[22] 高相铭. 变频调速技术在水泵节能中的应用[J]. 机械工程与自动化. 2007(5):170-174.

[23] Hans, B., Nicholas, B. The influence of curing on restrained shrinkage cracking of bonded concrete overlays[J]. Cement and Concrete Research, 2016, 87: 87-96.

[24] Jiang, L. J., Chen Y., Fan G. Q. The design of constant pressure water supply system based on ABB Inverter [J]. Procedural Engineering, 2011, 15: 436-442.

[25] Justs, J., Wyrzykowski, M., Bajare, D., Lura, P. Internal curing by superabsorbent polymers in ultra-high performance concrete. Cement and Concrete Research, 2015, 76: 82-90.

[26] Kewalramani, M. A. Environmentally sustainable concrete curing with coloured polythene sheets. APCBEE Procedia, 2014, 9, 241-246.

[27] Maxim, K., Mateusz, Z., Julia, S., Elsabe, K. Direct electric curing of alkali-activated fly ash concretes: a tool for wider utilization of fly ashes. Journal of Cleaner Production, 2016, 133: 220-227.

[28] Phadungsak, R., Natt, M., Aumpol, P., et al. A novel rapid microwave-thermal process for accelerated curing of concrete: Prototype design, optimal process and experimental investigations. Construction and Building Materials, 2016, 123, 768-784.

[29] Shen, W. G. , Cao, L. , Li, Q, Zhang, W. S, Wang, Z. M. , Li, C. C. Quantifying CO2 emissions from China's cement industry. Renewable & Sustainable Energy reviews, 2015,50: 1004-1012.

[30] Siler, P. , Kratky, J. , Belie, N. D. Isothermal and solution calorimetry to assess the effect of superplasticizers and mineral admixtures on cement hydration. Journal of Thermal Analysis and Calorimetry, 2012,107 (1): 313-320.

[31] Snedecor, G. W. , Cochran, W. G. Statistical Methods, Eighth Edition, Iowa State University Press, 1989.

[32] Spears, R. E. (1983) The 80 percent solution to inadequate curing problems. Concrete International, ACI, 5(04): 15-18.

[33] Wyrzykowski M. , Trtik P. , Munch, B. , Weiss, J. , Vontobe, P. , Lura, P. Plastic shrinkage of mortars with shrinkage reducing admixture and lightweight aggregates studied by neutron tomography. Cement and Concrete Research, 2015, 73: 238-245.

[34] Yang, W. K. The issues and discussion of modern concrete science. Berlin: Springer Berlin Heidelberg, 2014, 93-107.

[35] Zhao, X. L. , Wei, J. Liu, Z. K. Durability of concrete under multi-damage action. Journal of Wuhan University of Technology-Mater. Sci. Ed. , 2004,19 (2): 73-75.

[36] 林同炎, Ned, H. BURNS. 预应力混凝土结构设计[M]. 3 版. 路基沁,黄棠,马誉美,译. 北京:中国铁道出版社, 1982.

[37] 中华人民共和国行业标准. JTG D62—2004 公路钢筋混凝土与预应力混凝土桥涵设计规范[S]. 北京:人民交通出版社,2004.

[38] Bazzoni B. ,Lazzari L. . New approach for automatic control and monitoring of cathodically protected reinforced concrete structures [J]. Materials Performance, 1992, 31(12): 13-18.

[39] Guo Q. , Li Z. , Duan L. Automatic Post-Tensioning in prestressed concrete structures [J]. Structural Engineering International, 2004, 14(1) :37-41.

[40] Elliott J. F. Monitoring prestressed structures [J]. Civil Engineering, 1996, 66(7): 61-63.

[41] Lachner, H. Hydraulic stud-tensioning machines in reactor technology [J]. Kerntechnik und Atompraxis, 1978, 20(3):135-142. (in German).

[42] 大西铁路客运专线有限责任公司. 铁路客专箱梁预应力数控智能张拉系

统：中国,201020514251.9[P]. 2010-09-02.

[43] 李珠，赵红鹰，贾敏智，等. 无粘结预应力智能控制张拉仪的研制与应用[Z]. 中铁十二局集团建筑安装工程有限公司，太原理工大学. 2003.

[44] 钱厚亮，贾艳敏，林锦国，等. 新型智能预应力张拉设备的研制[J]. 自动化仪表，2009，30（12）-3.

[45] 中国水利水电第七工程局成都水电建设工程有限公司，北京中大华瑞科技有限公司. 锚索张拉自动监控系统及监控方法：中国，200810044271.1[P]. 2008-04-22.

[46] 罗忠孟，邓成中，张永相，等. 发展预应力张拉系统智能监控技术的探讨[J]. 机床与液压 2000. 增刊，2000.

[47] 周红梅，朱万旭，李居泽，等. 多功能预应力数显试验系统[Z]. 2010.

[48] 冯大斌，架贵臣，等. 后张预应力混凝土施工手册[M]. 北京：中国建筑工业出版社，1997.

[49] Cavell D. C., Waldron P. A. Residual strength model for deteriorating post tension Ed concrete bridges [J]. Computer & Structures, 2001, 79(4): 361-73.

[50] Schokker A. J. I, Hamilton H. R. Schupack M. Estimating post tensioning grout bleed resistance using a pressure-filter test [J]. PCI Journa, 2002, 47(3):32-38.

[51] Clark G., Post-tensioned prestressing cables in ducts [J]. Concrete(London), 1995, 29(4):27-28.

[52] Rouanet D., LeRoy R., Roussel, N. Stefani, C. Improving control over prestressing duct injection. Bulletin des Laboratoires des pontset Chanssees, 2004, 250-251: 65-73. (in French).

[53] 刘思谋. 一种后张法预应力孔道压浆施工工艺：中国，200610059002.3[P]. 2006-02-23.

[54] 中交第一航务工程局有限公司. 后张法预应力混凝土箱梁管道压浆施工方法：中国，200910263924.X[P]. 2009-12-29.

[55] 中铁十局集团有限公司. 一种真空压浆密封罩：中国，200820026319.1[P]. 2008-07-25.

[56] 中铁四局集团第一工程有限公司. 一种真空压浆施工设备及方法：中国，201010248138.5[P]. 2010-07-30.

[57] 中国华西企业有限公司. 一种建筑工程可控制孔道灌浆的方法：中国，

200910116626.8[P].2009-4-23.

[58] 甘军,杨超,季文洪,等.桥梁预应力管道压浆施工质量控制技术及应用[J].四川理工学院学报(自然科学版),2010,23(6):627-629.

[59] 姜国庆.日本高性能AE减水剂的研究进展及应用现状[J].化学建材,2000,(2):42-44.

[60] 崔崇,等.改性木质素磺酸钙制备高效减水剂的应用研究[J].混凝土,2000,(3):15-17.

[61] 冯乃谦.氨基磺酸系高效减水剂的研制及其混凝土的特性[J].混凝土与水泥制品,2000,(2);5-8.

[62] 徐正林.氨基磺酸系高效减水剂的合成及其应用技术研究[J].新型建筑材料,2003,(5):44-45.

[63] 李崇智,冯乃谦,王栋民,等.梳型聚羧酸系减水剂的制备、表征及其作用机理[J].硅酸盐学报,2005(1):87-92.

[64] 高云. 大掺量粉煤灰混凝土的强度和耐久性研究[D]. 南京:东南大学,2009.

[65] Yan P Y, Qin X. The effect of Expansive Agent and Possibility of Delayed Ettringite Formation in Shrinkage-compensating Massive Concrete[J]. Cement and Concrete Research ,2001,31(2):310-337.

[66] 薛爽. 硬石膏类膨胀剂的研究[D]. 武汉:武汉理工大学,2006.

[67] Sideris K, Savvaa E, Papayianni J. Sulfate Resistance and Carbonation of Plain and Blended Cements[J]. Cement and Concrete Composites, 2006, 28(1): 47-56.

[68] Mol W ,Deng M. Thermal Behavior of Cement Matrix with High-volume Mineral Admixtures at Early Hydration Age[J]. Cement and Concrete Research, 2006,36(10):1992-1998.

[69] 杨剑,彭鑫,陈康军,等.混凝土智能养护系统研究混凝土 2015 306(04):155-158.

[70] 陈康军.水泥混凝土智能养护系统在桥梁工程中的应用研究[J].公路2013(11):134-138.

[71] 长沙聚创建筑科技有限公司.一种水泥混凝土养护智能系统及其养护方法:中国,2012.10325868.X[P].2012-09-06.

[72] 湖南聚创建筑科技有限公司.一种无线智能施力系统:中国,201410048209.5[P].2014-02-12.

[73] 湖南联智桥隧技术有限公司.一种循环式预应力管道压浆施工方法及循环压浆系统:中国,2011.10432597.3[P].2011-12-21.

[74] 罗卫华,邹团结,陈康军,等.混凝土智能蒸汽养护系统在桥梁预制构件中的应用研究[J].公路工程 2015 40(04):158-162.